全国高等职业技术院校化工类专业教材

基础化学习题册

中国劳动社会保障出版社

简介

本习题册与全国高等职业技术院校化工类专业教材《基础化学》配套使用。本习题册按教材分单元编写，有填空题、判断题、选择题、简答题、计算题等多种题型，供学生课后练习使用。

本习题册由陆江春主编，朱淑莉、徐利敏、李飞、贺攀科、陈鑫参加编写，侯杰审稿。

图书在版编目(CIP)数据

基础化学习题册/人力资源和社会保障部教材办公室组织编写. —北京：中国劳动社会保障出版社，2012

全国高等职业技术院校化工类专业教材

ISBN 978-7-5045-9573-7

Ⅰ.①基… Ⅱ.①人… Ⅲ.①化学-高等学校-习题集 Ⅳ.①06-44

中国版本图书馆 CIP 数据核字(2012)第 051318 号

中国劳动社会保障出版社出版发行

（北京市惠新东街 1 号　邮政编码：100029）

出 版 人：张梦欣

*

北京隆昌伟业印刷有限公司印刷装订　新华书店经销

787 毫米×1092 毫米　16 开本　6 印张　130 千字

2012 年 4 月第 1 版　2012 年 4 月第 1 次印刷

定价：11.00 元

读者服务部电话：010－64929211/64921644/84643933

发行部电话：010－64961894

出版社网址：http://www.class.com.cn

目　录

标 * 者为选学内容。

第一单元　化学基本量及其计算

课题一　物 质 的 量

一、填空题

1. 物质的量是指______________________，它的符号是______；物质的量的单位是________，符号是________。

2. 国际上规定，1 mol 粒子集体所含的粒子数与____________中所含的碳原子数相同，约为________个。1 mol 物质都含有________个基本单元。

3. 物质的量（n）、质量（m）和摩尔质量（M）之间的关系式为：______________。

4. 1 mol H_2SO_4 中含________个硫原子，________个氧原子，______________个氢原子。

二、判断题（下列叙述中，正确的在括号中打"√"，错误的打"×"）

1. 1 mol N_2 分子的质量是 28。（　　）

2. 物质的基本单元只能是原子、分子、离子等客观存在的微粒。（　　）

3. NaOH 的摩尔质量是 40 g/mol。（　　）

4. 16 g O_2 的物质的量是 0.5。（　　）

三、选择题（每小题只有一个正确答案，将正确答案的序号填在括号内）

1. 摩尔是（　　）。

A. 物质的数量单位　　B. 表示物质的质量单位

C. 表示物质的量的单位　　D. 既是物质的数量单位又是物质的质量单位

2. 下列叙述中，错误的是（　　）。

A. 1 mol 任何物质都含有约 6.02×10^{23} 个原子

B. 0.012 kg ^{12}C 含有约 6.02×10^{23} 个碳原子

C. 在使用摩尔表示物质的量的单位时，应用化学式指明粒子的种类

D. 物质的量是国际单位制中七个基本物理量之一

3. 下列关于阿伏伽德罗常数的说法中，正确的是（　　）。

A. 阿伏伽德罗常数是 12 g 碳中所含的碳原子数

B. 阿伏伽德罗常数是 0.012 kg ^{12}C 中所含的原子数

C. 阿伏伽德罗常数是 6.02×10^{23}/mol

D. 阿伏伽德罗常数的符号为 N_A，近似值为 6.02×10^{23}/mol

4. 0.5 mol Na_2SO_4 中所含的 Na^+离子数为（　　）。

A. 3.01×10^{23}　　B. 6.02×10^{23}

C. 0.5　　D. 1

5. 下列叙述中，正确的是（　　）。

A. H_2SO_4 的摩尔质量是 98

B. 2 mol NO 和 2 mol N_2 含原子数相同

C. 等质量的 O_2 和 O_3 中所含氧原子个数相同

D. 等物质的量的 CO 和 CO_2 中所含碳原子数相等

6. 下列物质中，分子数最多的是（　　）。

A. 64 g SO_2　　B. 3.01×10^{23}个 N_2 分子

C. 0.5 mol H_2SO_4　　D. 4 g NaOH

7. 等物质的量的钠、镁、铝与足量稀 H_2SO_4 反应生成的氢气的物质的量之比是（　　）。

A. 1∶1∶1　　B. 1∶2∶3

C. 3∶2∶1　　D. 6∶3∶2

8. 下列叙述中正确的是（　　）。

A. 1 mol 氧　　B. 2 mol 分子氧

C. 3 mol 氧气　　D. 4 mol 氢

9. 下列说法中正确的是（　　）。

A. 1 mol O 质量是 32 g/mol　　B. OH^-的摩尔质量是 17 g

C. 1 mol H_2O 的质量是 18 g/mol　　D. CO_2 的摩尔质量是 44 g/mol

四、计算题

1. 计算下列物质的质量

（1）1.5 mol Cu

（2）2.5 mol NaOH

（3）2 mol H_2SO_4

2. 计算下列物质的物质的量

（1）0.25 kg $CaCO_3$

（2）585 g NaCl

3. 在实验室里加热氯酸钾和二氧化锰的混合物制取氧气，制 3 mol 氧气需要氯酸钾的物质的量是多少？这些氯酸钾的质量是多少？

4. 有一块锌片插入足量 $CuSO_4$ 溶液中，锌片质量减轻了 0.1 g，求：

（1）参加反应的锌的物质的量；

（2）析出铜的物质的量；

（3）所生成 $ZnSO_4$ 的物质的量及质量；

（4）溶液的质量是增加了还是减少了？

5. 70 g 过氧化钠和氧化钠的混合物与 98 g 水充分反应，所得溶液中氢氧化钠的质量分数为 50%。试分别写出过氧化钠和氧化钠与水反应的化学方程式，并计算原混合物中过氧化钠和氧化钠的质量各是多少？

课题二　物质的量浓度

一、填空题

1. 物质的量浓度是以单位体积溶液里所含溶质的物质的量来表示溶液的组成的物理量，符号为________，单位是________。

2. 在 500 mL NaOH 溶液中含有 2 g NaOH，该溶液的物质的量浓度是________。

3. 将 300 mL 18.4 mol/L 的浓硫酸，稀释成 3 mol/L 的硫酸溶液，稀释后溶液的体积是________L。

4. 配制 0.1 mol/L 盐酸溶液 200 mL，需要 12 mol/L 浓盐酸________。

5. 有 $Al_2(SO_4)_3$ 和 K_2SO_4 的混合液，已知其中 $c(Al^{3+}) = 0.4$ mol/L，$c(SO_4^{2-}) = 0.7$ mol/L，则混合液中 $c(K^+)$ 为________。

6. 用 20 g 烧碱配制成 500 mL 溶液，其物质的量浓度为________mol/L；从中取出1 mL，其物质的量浓度为________mol/L，含溶质________g。若将这 1 mL 溶液用水稀释到100 mL，所得溶液中溶质的物质的量浓度为________mol/L，其中含 Na^+ ________g。

7. 下面是用 98% 的浓 H_2SO_4（$\rho = 1.84$ g/cm^3）配制成 0.5 mol/L 的稀 H_2SO_4 500 mL 的操作，请按要求填空：

（1）所需浓 H_2SO_4 的体积为________mL。

（2）量取时发现量筒不干净，用水洗净后直接量取，所配溶液浓度将________（选填"偏高""偏低"或"无影响"）。

二、判断题（下列叙述中，正确的在括号中打"√"，错误的打"×"）

1. 在 1 L 氯化钠溶液中，含有 2 g 氯化钠，该溶液的物质的量浓度为 2 g/L。（　　）
2. 在 500 mL 氯化钙溶液中，含有 0.05 mol Ca^{2+} 和 0.1 mol Cl^-。（　　）
3. 溶液稀释前后溶质的质量不变。（　　）
4. 质量分数和质量浓度是同一种意义。（　　）

三、选择题（每小题只有一个正确答案，将正确答案的序号填在括号内）

1. 14.2 g 69% 的浓 HNO_3（密度为 1.42 g/cm^3）与 10 mL 15.5 mol/L HNO_3 的浓度相比（　　）。

A. 是同一浓度的不同表示方法　　B. 数值不同，也能换算为相同值

C. 不同浓度的两种硝酸溶液　　D. 无法比较其大小

2. 下列溶液中，与 100 mL 0.5 mol/L NaCl 溶液所含的 Cl^- 物质的量浓度相同的是（　　）。

A. 100 mL 0.5 mol/L $MgCl_2$ 溶液　　B. 200 mL 1 mol/L $CaCl_2$ 溶液

C. 50 mL 1 mol/L NaCl 溶液　　D. 25 mL 0.5 mol/L HCl 溶液

3. 8 g 无水硫酸铜配成 0.1 mol/L 的水溶液，下列说法正确的是（　　）。

A. 溶于 500 mL 水中　　B. 溶于 1 L 水中

C. 溶解后溶液的总体积为 500 mL　　D. 溶解后溶液的总体积为 1 L

4. 用 10 g NaOH 固体配制成 0.5 mol/L NaOH 溶液，所得溶液的体积是（　　）。

A. 0.5 mL　　B. 5 mL

C. 50 mL　　D. 500 mL

5. 将 12 mol/L 的盐酸（$\rho = 1.10$ g/cm^3）50 mL 稀释成 6 mol/L 的盐酸（$\rho = 1.10$ g/cm^3），需加水的体积为（　　）。

A. 50 mL　　B. 50.5 mL

C. 55 mL　　D. 59.5 mL

四、计算题

1. 中和2 g氢氧化钠，用去盐酸12.5 mL。该盐酸的物质的量浓度是多少？

2. 在250 mL 4 mol/L某物质的溶液中，加入250 mL 2 mol/L同种物质的溶液，求混合溶液的物质的量浓度。

3. 欲配制0.1 mol/L硫酸500 mL，需要质量分数为98%的浓硫酸（密度为1.84 g/cm^3）多少毫升？

课题三　根据化学方程式的计算

一、填空题

1. 用________来表示化学反应的式子叫做化学方程式。
2. 由于化学反应遵守质量守恒定律，所以“等号”两边每种________数目必须相等。
3. 在化学方程式中应注明反应的________。通常有气体或沉淀生成时，还要用________分别标出。

二、判断题（下列叙述中，正确的在括号中打“√”，错误的打“×”）

1. 化学方程式既表达化学反应中各物质的变化，又体现它们相互反应量的关系。（　）
2. 在实际生产和实验中，产品的实际产量总是低于理论产量；原料的实际消耗量总是高于理论用量。（　）
3. 根据化学方程式计算所得的结果只是理论量。（　）

三、计算题

1. 金属 M 的样品中含有不与盐酸反应的杂质，取样品 20 g 投入适量的稀盐酸中，恰好完全反应，生成 MCl_3 和 2 g 氢气，测知生成的 MCl_3 中氯元素的质量分数为 79.8%，样品中 M 的质量分数为多少?

2. 现称取其中杂质仅有氯化钠的纯碱样品 11 g，全部溶解在 50 g 水中，当加入稀盐酸 64.4 g 时，恰好完全反应，所得溶液质量为 121 g，试求：

（1）该纯碱样品的纯度（计算结果精确到 0.1%）；

（2）所得溶液中溶质的质量分数。

第二单元　物质结构基础

课题一　气　　体

一、填空题

1. 理想气体状态方程式适用的条件是________、________。

2. 道尔顿分压定律是指________________________________。

3. 荷兰物理学家范德华考虑到真实气体对理想气体行为的偏差，对理想气体状态方程进行了修正，即在________和________项上分别提出了两个修正因子 a 和 b，从而使该状态方程式能适用于多数________气体。

二、判断题（下列叙述中，正确的在括号中打“√”，错误的打“×”）

1. 理想气体状态方程式适用于任何气体。（　　）

2. 真实气体在压力不太高、温度不太低的情况下可用理想气体状态方程式求解。（　　）

3. 人们将符合理想气体状态方程式的气体，称为理想气体。（　　）

4. 混合气体的总压等于混合气体中各组分气体的分压之和。（　　）

5. 单位物质的量的气体所占的体积叫做气体摩尔体积，符号 V_m。（　　）

三、选择题（每小题只有一个正确答案，将正确答案的序号填在括号内）

1. 在 $pV=nRT$ 中，R 的值为（　　）。

A. 8. 314 J/（mol · K）　　B. 83. 14 Pa · m^3/（mol · K）

C. 831. 4 J/（mol · K）　　D. 8 314 J/（mol · K）

2. 式子 $p_i=\frac{n_i}{n}p=y_i p$ 表示的是（　　）。

A. 分压定律　　B. 分体积定律

C. 理想气体状态方程　　D. 范德华方程

四、简答题

1. 为什么说对真实气体只有在高温、低压下才能适用理想气体状态方程？

2. 范德华在哪两个方面对理想气体状态方程进行了修正？

五、计算题

1. 温度为360 K，压力为9.6×10^4 Pa时，0.4 L丙酮蒸气的质量为0.744 g，求丙酮的相对分子质量。

2. 在容积为1×10^{-3} m^3的容器内，含有1.5×10^{-3} kg的氮气，计算容器内20℃时的压力。

3. 某混合气体含有0.15 g H_2，0.70 g N_2及0.34 g NH_3，计算在100 kPa下H_2、N_2、NH_3的分压。若温度为27℃，该混合气体的总体积是多少？

课题二　原子结构及核外电子运动状态

一、填空题

1. 符号3p表示主量子数为________，角量子数为________，原子轨道形状为________，在3p轨道上的电子处于第________电子层，________亚层。

2. $n=3$，$l=2$，其轨道名称为__________，电子云形状为__________，原子轨道数目为________，能容纳________个电子。

3. 原子序数 = ________数 = ________数 = ________数。

4. 质量数 = ________数 + ________数。

5. ______________________互称为同位素。

二、判断题（下列叙述中，正确的在括号中打"√"，错误的打"×"）

1. 电子云是电子在核外空间出现的概率的形象化描述。（ ）
2. 角量子数 l 的取值受主量子数 n 的限制。（ ）
3. l 为 0、1、2、3 的轨道分别称为 s、p、d、f 轨道。（ ）
4. 在同一个原子中，量子数 n、l、m 相同的两个电子，其能量也相等。（ ）
5. 需要四个量子数才可以全面确定电子的一种运动状态。而三个量子数 n、l、m 可以确定一个空间运动状态即一个原子轨道。（ ）
6. 当电子层相同时，按亚层由 s—p—d—f 的顺序，轨道能级降低。（ ）
7. 具有相同质子数、而中子数不同的同种元素的不同原子互称为同位素。（ ）
8. 在同一个原子中，量子数 n、l、m 相同的两个电子，其能量不相等，电子云形状也不相同。（ ）
9. 当电子亚层相同时，随电子层数的增大，轨道能级升高。（ ）

三、选择题（每小题只有一个正确答案，将正确答案的序号填在括号内）

1. 下列各组量子数表征的电子，能量最高的是（ ）。

A. 2，1，−1，+1/2　　B. 2，0，0，−1/2

C. 3，1，1，+1/2　　D. 3，2，−1，+1/2

2. 下列各组量子数正确的是（ ）。

A. $n=3$，$l=2$，$m=-2$　　B. $n=4$，$l=-1$，$m=0$

C. $n=4$，$l=1$，$m=-2$　　D. $n=3$，$l=3$，$m=-3$

3. 下列各组量子数中，正确的是（ ）。

A. 3，2，2，1/2　　B. 3，0，−1，1/2

C. 2，2，2，2　　D. 1，1，0，1/2

4. 若将氮原子的电子排布式写为 $1s^2 2s^2 2p_x^2 2p_y^1$，则违背了（ ）。

A. 洪特规则　　B. 能量最低原理

C. 泡利不相容原理　　D. 能量守恒原理

5. 若原子的核外电子排布式为 $1s^2 2s^2 2p^6 3s^2 3p^6 3d^{10} 4s^2 4p^5$，则它最可能的价态是（ ）。

A. −1　　B. −3

C. +1　　D. +5

6. Cu 的电子排布式为（ ）。

A. $1s^2 2s^2 2p^6 3s^2 3p^6 3d^{10} 4s^1$　　B. $1s^2 2s^2 2p^6 3s^2 3p^6 3d^9 4s^2$

C. $1s^2 2s^2 2p^6 3s^2 3p^6 4s^2 3d^9$　　D. $1s^2 2s^2 2p^6 3s^2 3p^6 3d^{10} 4s^2$

7. Cr 的电子排布式为（ ）。

A. $1s^2 2s^2 2p^6 3s^2 3p^6 3d^4 4s^2$　　B. $1s^2 2s^2 2p^6 3s^2 3p^6 3d^5 4s^1$

C. $1s^2 2s^2 2p^6 3s^2 3p^6 4s^2 3d^5$　　D. $1s^2 2s^2 2p^6 3s^2 3p^6 3d^5 4s^2$

四、简答题

1. 量子数 $n=3$，$l=1$ 的原子轨道的符号是什么？该类原子轨道的形状如何？有几种空间取向？共有几个轨道？可容纳多少电子？

2. 请写出 26 号 Fe 元素原子的核外电子排布式和价电子构型，并说明铁为什么容易出现 +2 价和 +3 价？

课题三　元素周期律

一、填空题

1. 某元素的原子序数为 24，则此元素的原子共有________个电子，有________个电子层，其价电子构型为________，该元素位于第________周期，第________族。

2. 完成下表（不看周期表）。

价电子构型	区	周期	族	原子序数
$4s^1$				
$3s^23p^5$				
$3d^34s^2$				
$4d^{10}5s^1$				

3. 根据晶体相关知识，填写下表。

物质	晶格结点上的粒子	晶格结点间的作用力	晶体类型	熔点高低
O_2				
Fe				
SiC				
H_2O				
NaCl				

4. 某一周期有 A、B、C、D 四种元素，已知它们的最外层电子数分别是 2、2、1、7，且 A、C 元素的原子的次外层电子数均为 8，B、D 元素的原子的次外层电子数均为 18。则 A、B、C、D 分别为________、________、________、________。

5. 元素周期表中，按外层电子构型可将元素分为________个区，分别是______________________________。

二、判断题（下列叙述中，正确的在括号中打“√”，错误的打“×”）

1. N 的电离能 I_1 比相邻两元素 C、O 的都高，是因为它的原子轨道上的电子填充时出现了半充满状态。（　）

2. 周期表中的周期数就是能级组数。有七个能级组，就有七个周期。（　）

3. S 原子的外层电子构型为 $3s^2 3p^4$，$n=3$，S 元素位于第三周期。（　）

4. 电子层结构是 $(n-1)d^{1\sim9}ns^{1\sim2}$ 的元素位于 ds 区。（　）

三、选择题（每小题只有一个正确答案，将正确答案的序号填在括号内）

1. 下列元素中，第一电离能最大的是（　）。

A. C　　B. O　　C. F　　D. Ne

2. 下列元素的原子中，电负性最小的是（　）。

A. C　　B. N　　C. O　　D. F

3. 下列物质中，熔点最高的是（　）。

A. SiC　　B. $MgCl_2$　　C. H_2O　　D. HF

4. 镧系收缩造成同周期后面的过渡元素的原子半径与同族的上一周期元素的原子半径相比（　）。

A. 要更大一些　　B. 要更小一些　　C. 更无规律　　D. 更相似

四、推断题

1. 现有 A、B、C、D、E、G、M 七种元素，请按下列条件推断它们的元素符号及其在周期表中所处位置（周期、族），并写出它们的价层电子构型。

（1）A、B、C 为同一周期的金属元素，已知 C 有 3 个电子层，它们的原子半径在所属周期中为最大，且 A > B > C；

（2）D、E 为非金属元素，与氢化合分别生成 HD 和 HE。室温时 D 的单质为液体，E 的单质为固体；

（3）G 是所有元素中电负性最大的元素；

（4）M 为金属元素，它有 4 个电子层，它的最高氧化值与氯的最高氧化值相同。

2. 已知某元素在周期表中位于第四周期ⅤB族，请写出该元素原子符号及电子排布式。

3. 分别满足下列条件的是哪一族或哪一个元素？

(1) 最外层有6个p电子；

(2) 价电子数是$n=4$，$l=0$的轨道上有2个电子和$n=3$，$l=2$的轨道上有5个电子；

(3) 次外层d轨道全满，最外层只有1个s电子；

(4) 某元素+3价离子和氩原子的电子构型相同；

(5) 某元素+3价离子的3d轨道半满。

课题四　化学键与分子结构

一、填空题

1. ________元素的原子间形成非极性共价键，________元素的原子间形成极性共价键。在极性共价键中，共用电子对偏向________元素的原子一方。

2. 由共价键形成的化合物称为____________。

3. 共价键的特征是具有______和______。

4. ________及________是描述分子几何结构的两个要素。

二、判断题（下列叙述中，正确的在括号中打"√"，错误的打"×"）

1. 分子内成键两原子核间的平均距离称为键长。　(　　)

2. 原子轨道以"肩并肩"方式发生轨道重叠，轨道重叠部分对通过一个键轴的平面具有镜面反对称性，这种键称为π键。　(　　)

3. 由一个原子提供电子对为两个原子共用而形成的共价键称为共价配位键。　(　　)

4. 参数是表征化学键性质的物理量，常见的有键长、键能和键角等。　(　　)

三、选择题（每小题只有一个正确答案，将正确答案的序号填在括号内）

1. 下列物质中，属于共价化合物的是（　　）。

A. Na_2O　　B. NaCl　　C. SiC　　D. Ne

2. 下列物质中不含共价配位键的是（　　）。

A. CO　　B. N_2O　　C. NH_3　　D. H_2O

3. 适于解释金属本质的理论是（　　）。

A. 自由电子理论　　B. 分子轨道理论

C. 价电子对互斥理论　　D. 价键理论

四、简答题

1. 判断下列物质中的化学键，哪些是离子键，哪些是共价键？

Cl_2、CS_2、H_2S、SiO_2、$MgCl_2$

2. 什么是σ键？什么是π键？两者有何区别？双原子分子中能否有两个以上σ键？为什么？

课题五　分子间力与氢键

一、填空题

1. 由于固有偶极的取向而产生的分子间作用力，叫做________力。取向力的大小主要取决于________。分子的极性越强，取向力也越________（选填“大”“小”）。

2. 瞬时偶极与瞬时偶极间的作用力叫做________力。色散力普遍存在于各种分子之间，且没有________性。色散力与相互作用分子的变形性有关，变形性越大，色散力越________（选填“大”“小”）。

3. 分子间力即无________性，又无________性；分子间作用力较________（选填“强”“弱”），一般只有几至几十 kJ/mol，比化学键键能________（选填“大”“小”）。

4. 色散力与相互作用分子的变形性有关，________越大，________越大。

5. 极性分子与极性分子之间的作用力是由________力、________力和________力三部分组成的；极性分子与非极性分子之间只有________力和________力；非极性分子之间仅存在________力。

二、判断题（下列叙述中，正确的在括号中打“√”，错误的打“×”）

1. 氢键只有当氢与电负性很大且有孤对电子的元素（F、O、N 等）的原子化合时才能形成。（　　）

2. 氢键的键能比化学键的键能小得多，与分子间力的数量级相同，属分子间力的范畴，是较强的分子间作用力。（　　）

3. 分子间力相似的物质不容易互溶。（　　）

4. 含氢键的物质，其熔、沸点较其同类型无氢键的物质要高。（　　）

三、选择题（每小题只有一个正确答案，将正确答案的序号填在括号内）

1. 下列化学键中极性最强的是（　　）。

A. H—O　　B. N—H　　C. H—F　　D. C—H

2. 酒精和醋酸易溶于水，而碘和二硫化碳难溶于水的原因是（　　）。

A. 相对分子质量不同　　B. 有无氢键

C. 分子的极性不同　　D. 分子间力不同

四、简答题

1. 下列各组物质分子间存在什么形式的分子间力（包括氢键）？

（A）Cl_2 与 CCl_4　（B）CO_2 与 H_2O　（C）H_2S 与 H_2O　（D）NH_3 与 H_2O

2. 为什么 HF 和 H_2O 的沸点反常的高？

3. 分子间力的特征有哪些？

*课题六　晶　　体

一、填空题

1. 晶体可分为________晶体、________晶体、________晶体和________晶体等基本类型。

2. 凡靠_______键结合而成的晶体统称为原子晶体。如_______、________、________等都是原子晶体。

3. 靠________结合而成的晶体统称为分子晶体。如________、________等及大多数有机化合物的晶体均是分子晶体。

二、判断题（下列叙述中，正确的在括号中打“√”，错误的打“×”）

1. 固有偶极与诱导偶极之间的作用力称为色散力。（　　）
2. 金属晶体是靠金属离子和自由电子之间的引力结合的。（　　）
3. 石墨晶体是一种典型的混合型晶体，具有层状结构。（　　）

三、选择题（每小题只有一个正确答案，将正确答案的序号填在括号内）

1. 属于混合型晶体的是（　　）。

A. SiO_2　　B. 石墨　　C. CO_2　　D. HCl

2. 属于原子晶体的是（　　）。

A. SiO_2　　B. NaCl　　C. CO_2　　D. HCl

3. 属于分子晶体的是（　　）。

A. SiO_2　　B. KCl　　C. CO_2　　D. SiC

四、简答题

1. 与非晶体相比较，晶体通常有哪些特征？

2. 常温下，为什么 CO_2 是气体，而 SiO_2 是固体？

第三单元　重要的非金属元素及其化合物

课题一　卤素及其化合物

一、填空题

1. HClO 具有强氧化性，有______________作用；HClO 不稳定，分解反应方程式为________________________。

2. Cl_2 与 $Ca(OH)_2$ 反应方程式为______________，漂白粉的成分是________，有效成分是________。

二、判断题（下列叙述中，正确的在括号中打"√"，错误的打"×"）

1. 卤化氢皆为无色、有刺激性气味的气体，在空气中会"冒烟"，这是由于卤化氢与空气中的水蒸气结合形成了酸雾的缘故。（　）

2. 高氯酸是酸性最强的无机含氧酸。（　）

3. 卤酸都是强酸，按 $HClO_3 \rightarrow HBrO_3 \rightarrow HIO_3$ 顺序酸性依次增强、稳定性依次减弱。（　）

4. 卤化氢的热稳定性依 HF→HCl→HBr→HI 顺序而降低。（　）

5. 氢氟酸被广泛用于测定矿物或钢板中 SiO_2 的含量，也用于在玻璃器皿上刻蚀标记和花纹。（　）

6. 次卤酸都是很强的氧化剂和漂白剂。（　）

7. 浓 $HClO_4$ 是强氧化剂，与有机物接触会引起爆炸，所以储存时必须远离还原性物质。在钢铁分析中 $HClO_4$ 常用来溶解矿样。（　）

三、选择题（每小题只有一个正确答案，将正确答案的序号填在括号内）

1. 在氯水中存在多种分子和离子，可以通过实验的方法加以确定。下列说法中，错误的是（　）。

A. 加入含有 NaOH 的酚酞试液，红色退去，说明有 H^+ 离子存在

B. 加入有色布条后，有色布条退色，说明有 HClO 分子存在

C. 氯水呈浅黄绿色，且有刺激性气味，说明有 Cl_2 分子存在

D. 加入硝酸酸化的 $AgNO_3$ 溶液产生白色沉淀，说明有 Cl^- 离子存在

2. 近年来，加"碘"食盐较少使用碘化钾，因其口感苦涩且在储藏和运输中易变化，目前代之加入的是（　）。

A. I_2　　B. KIO　　C. NaIO　　D. KIO_3

3. 下列物质中，酸性最强的是（　　）。

A. $HClO_4$　　B. $HClO_3$　　C. $KClO_3$　　D. HClO

4. 下列物质中，酸性最强的是（　　）。

A. HIO　　B. HBrO　　C. HClO　　D. KClO

四、简答题

1. 漂白粉为什么应密封保存？

2. 什么是拟卤素？为什么拟卤素的性质和卤素相似？

3. 为什么向 KI 溶液中通入氯气时，开始溶液出现红棕色，继续通入氯气，颜色退去？

4. 为什么不能用玻璃器皿储存氢氟酸？

五、完成下列反应方程式

1. $CaF_2 + H_2SO_4$（浓）$=\!=\!=$

2. $HClO \xlongequal{光}$

3. $SiO_2 + HF =\!=\!=$

4. $Cl_2 + NaOH =\!=\!=$

5. $Ca(ClO)_2 + HCl =\!=\!=$

课题二　氧族元素及其化合物

一、填空题

1. 铜与浓硫酸共热的反应方程式是____________________；将生成的气体导入品红溶液，产生的现象是_______________。

2. 硫代硫酸钠的化学式是________________，俗称________或________，是________色透明晶体，易溶于水，其水溶液呈________性。

3. 过氧化氢是一种不造成二次污染的氧化剂，所以常用做________剂、________剂等。

4. 硫有几种同素异形体，最常见的是晶状的________硫和________硫。

5. SO_3 溶解在浓硫酸中所生成的溶液称为________。发烟硫酸具有比硫酸更________（选填“强”“弱”）的氧化性。

二、判断题（下列叙述中，正确的在括号中打“√”，错误的打“×”）

1. 硒酸和碲酸都是无色晶体。硒酸溶液和硫酸溶液相似，都是强酸。（　　）

2. 硒和碲的一切化合物都有毒。（　　）

3. 硒是一种半导体材料，用来制造光电管和电整流器。（　　）

4. 焦硫酸的酸性、吸水性、腐蚀性比浓硫酸更强，在制造染料、炸药中用做脱水剂。（　　）

5. 硫的化学性质比较活泼，既有氧化性又有还原性。（　　）

6. SO_2 能和一些有机色素结合生成无色化合物，因此可用于漂白。（　　）

7. 金属硫化物有特征颜色，在分析化学上利用金属硫化物在水中有不同的溶解性和特征颜色的特性，来鉴别和分离金属离子。（　　）

8. 天然硫一般是斜方硫，斜方硫又叫 α－硫。（　　）

9. 过氧化氢是一种不造成二次污染的氧化剂，常用做杀菌剂、漂白剂。（　　）

10. 氧气具有比臭氧更强的氧化性，许多常温下不能被臭氧氧化的物质，却能被氧气氧化。（　　）

三、选择题（每小题只有一个正确答案，将正确答案的序号填在括号内）

1. 下列气体中，既有氧化性又有还原性的是（　　）。

A. H_2S　　B. SO_2　　C. SO_3　　D. Cl_2

2. 浓硫酸具有很多重要的性质，在与含有水分的蔗糖作用时不能显示的性质是（　　）。

A. 酸性　　B. 吸水性

C. 强氧化性　　D. 脱水性

3. 下列反应中，SO_2 表现氧化性的是（　　）。

A. $SO_2 + 2H_2S \xlongequal{} 2H_2O + 3S$　　B. $Br_2 + SO_2 + 2H_2O \xlongequal{} 2HBr + H_2SO_4$

C. $2SO_2 + O_2 \underset{\triangle}{\overset{V_2O_5}{\rightleftharpoons}} 2SO_3$　　D. $2NaOH + SO_2 \xlongequal{} Na_2SO_3 + H_2O$

4. 在集气瓶里，将 H_2S 和 SO_2 两种气体充分混合后，可观察到的现象是（　　）。

A. 有黄色粉末产生　　B. 有棕色烟生成

C. 有红色沉淀生成　　D. 有黑色固体生成

5. 下列气体中，不能用浓硫酸干燥的是（　　）。

A. SO_2　　B. O_2　　C. H_2S　　D. HCl

6. 工业上常用稀硫酸清洗铁表面的锈层，这是利用稀硫酸的（　　）。

A. 强氧化性　　B. 不挥发性　　C. 吸水性　　D. 酸性

7. 下列含氧酸中，酸性最弱的是（　　）。

A. H_2SO_4　　B. H_2SeO_4　　C. H_2TeO_4　　D. $HClO_4$

四、简答题

1. 试比较硒酸、碲酸、硫酸的酸性及氧化性。

2. 为什么硫化氢水溶液在空气中放置时易变混浊?

3. 为什么工业生产硫酸不是用水吸收 SO_3，而是用浓硫酸吸收 SO_3？

4. 试解释为什么不能用浓硫酸、硝酸干燥 H_2S、HBr 和 HI 气体。

五、完成下列反应方程式

1. $FeS + HCl =\!=\!=$
2. $H_2S + H_2SO_4$（浓）$=\!=\!=$
3. $H_2S + O_2 =\!=\!=$
4. $KMnO_4 + H_2O_2 + H_2SO_4 =\!=\!=$
5. $H_2S + MnO_4^- + H^+ =\!=\!=$
6. $Na_2S + H_2O =\!=\!=$
7. $SO_2 + H_2S =\!=\!=$
8. $Br_2 + SO_2 + H_2O =\!=\!=$
9. $Cu + H_2SO_4 \xlongequal{\triangle}$

课题三　氮族元素及其化合物

一、填空题

1. 铜与浓硝酸反应的方程式为________________，硝酸的浓度越高，其氧化性就越________（选填“强”或“弱”）。

2. 氨是一种具有________气味的________气体。氨分子间存在着________键，使得分子间的引力增强，所以常温下极易________。

3. ________与________以体积比 1∶3 的比例配制的混合液称为王水。

4. 白磷是无色、透明、柔软的蜡状固体，遇光即逐渐变为黄色，故又称________磷。白磷________于水，________于 CS_2 中。白磷在空气中能________。红磷是一种暗红色的粉末，它________于水，________于 CS_2。

二、判断题（下列叙述中，正确的在括号中打“√”，错误的打“×”）

1. HNO_3 中溶解过量的 NO_2，可得到红棕色的“发烟硝酸”。由于 NO_2 比 HNO_3 的氧化性强，因而发烟硝酸比纯硝酸具有更强的氧化性。（　　）

2. 冷的浓硝酸可以使 Fe、Al、Cr 发生钝化。（　　）

3. 砷、锑、铋不溶于稀酸，但能和硝酸、热浓硫酸、王水等反应。（　　）

4. 三氧化二砷 As_2O_3，俗称砒霜，剧毒，白色粉末状固体。（　　）

三、选择题（每小题只有一个正确答案，将正确答案的序号填在括号内）

1. 关于氮和磷两种元素的叙述中，正确的是（　　）。

A. 它们的原子最外层电子数相等，它们的最高正价都是 +5

B. 白磷较氮气性质活泼，所以 PH_3 的稳定性要小于 NH_3

C. 因为氮原子半径比磷原子半径要小，所以氮的相对原子质量比磷的相对原子质量小

D. 磷酸比硝酸稳定，说明磷的非金属性不一定比氮弱

2. 下列物质中属于不挥发性酸的是（　　）。

A. H_2S　　B. H_3PO_4　　C. HNO_3　　D. HCl

3. 下列物质中，最稳定的是（　　）。

A. $Ca(H_2PO_4)_2$　　B. $Ca_3(PO_4)_2$

C. $CaHPO_4$　　D. 无法确定

4. 下列气态氢化物最稳定的是（　　）。

A. PH_3　　B. AsH_3　　C. SbH_3　　D. NH_3

5. 氨能用来表演喷泉实验，这是因为它（　　）。

A. 比空气轻　　B. 是弱碱

C. 极易溶于水　　D. 在空气里不燃烧

四、完成下列反应方程式

1. $NO + O_2 ===$

2. $NO_2 + H_2O ===$

3. $NH_4^+ + OH^- \xlongequal{\triangle}$

4. $NH_4Cl \xlongequal{\triangle}$

5. $NH_3(g) + O_2 \underset{\triangle}{\overset{催化剂}{\rightleftharpoons}}$

6. $HNO_3 \xlongequal{光}$

7. $S + HNO_3$(浓)$===$

8. $Cu + HNO_3$(浓)$===$

9. $Ca_3(PO_4)_2 + H_2SO_4 ===$

10. $Cu + HNO_3$(稀)$===$

课题四　碳、硅、硼及其化合物

一、填空题

1. SiO_2 与 NaOH 的反应方程式为：________________；所以实验室中盛放 NaOH 溶液的试剂瓶用________塞而不用________塞。

2. 硅酸凝胶经脱水后生成________，常做实验室中的干燥剂。

3. 硅酸钠的水溶液俗称__________，呈__________（选填“酸”“碱”）性，是制备________和________等的原料。

二、判断题（下列叙述中，正确的在括号中打“√”，错误的打“×”）

1. 硼砂是强碱弱酸盐，可溶于水，在水溶液中水解显示较强的碱性。　（　　）

2. 硼烷多数有毒，有令人不适的特殊气味，且不稳定。　（　　）

3. 硼与氧的亲和力很强，它易在氧气中燃烧，也能从许多稳定氧化物中夺取氧，所以

硼可做还原剂。（ ）

4. 硅酸钠水解会使溶液呈强碱性。（ ）

5. 浸透过 $CoCl_2$ 的硅胶称为变色硅胶，当硅胶的颜色由蓝色变为粉红色时，说明它已吸足水分，不再有吸湿能力。此时，可将其烘干脱水，变为蓝色后重新使用。（ ）

6. SiO_2 属于原子晶体，且 Si—O 的键能很高，因此石英的硬度大，熔点高。（ ）

7. Na_2CO_3 在食品工业中常用做膨松剂。（ ）

三、选择题（每小题只有一个正确答案，将正确答案的序号填在括号内）

1. 下列说法中，正确的是（ ）。

A. 二氧化硅是酸性氧化物，它可以跟强碱反应，但不能与任何酸反应

B. 根据 $SiO_2 + CaCO_3 \xrightarrow{高温} CaSiO_3 + CO_2\uparrow$ 的反应，可推知硅酸酸性比碳酸强

C. 二氧化碳气体通入硅酸钠溶液中制得硅酸

D. 二氧化硅对应的水化物有相同的组成

2. 下列表述的 A，B，C 和 D 四种组合中，正确的是（ ）。

①人造刚玉熔点很高，可用做高级耐火材料，主要成分是二氧化硅

②化学家采用玛瑙研钵摩擦固体反应物进行无溶剂合成，玛瑙的主要成分是硅酸盐

③水泥是硅酸盐材料

④太阳能电池可采用硅材料制作，其应用有利于环保、节能

A. ①②③　　B. ②④　　C. ①④　　D. ③④

3. 能溶解单质硅的是（ ）。

A. 氢氧化钠溶液　　B. 盐酸　　C. 硫酸　　D. 氨水

4. 下列含氧酸中，酸性最弱的是（ ）。

A. H_2SiO_3　　B. H_3PO_4　　C. H_2SO_4　　D. $HClO_4$

四、完成下列反应方程式

1. $SiO_2 + 2NaOH =\!=\!=$

2. $SiO_2 + Na_2CO_3 =\!=\!=$

3. $2Al^{3+} + 3CO_3^{2-} + 3H_2O =\!=\!=$

4. $2Cu^{2+} + 2CO_3^{2-} + H_2O =\!=\!=$

5. $3CO + Fe_2O_3 \overset{高温}{=\!=\!=}$

6. $CaCO_3 + CO_2 + H_2O =\!=\!=$

第四单元　重要的金属元素及其化合物

课题一　s 区金属元素及其重要化合物

一、填空题

1. Na_2O_2 可用做________剂、________剂和________发生剂。

2. 碱金属与氧能形成三种类型的重要氧化物，即________氧化物、________氧化物和________氧化物。

3. 碱金属元素的价电子构型为__________，原子最外层只有________个电子，极易________，所以各周期元素中碱金属的金属性最________。

二、判断题（下列叙述中，正确的在括号中打“√”，错误的打“×”）

1. 除去 CO_2 中的 SO_2 要用饱和的 $NaHCO_3$ 溶液而不能用 Na_2CO_3 溶液。（　）
2. Na、Na_2O_2、F_2 与水反应都会放出气体。（　）
3. 碱金属的液氨稀溶液呈蓝色，随着碱金属溶解量的增多，溶液颜色会逐渐加深。（　）
4. 碱金属是活泼金属，是强还原剂；在同一族中，金属的活泼性自上而下逐渐减弱。（　）
5. 碱金属与氧能形成三种类型的重要氧化物，即普通氧化物、过氧化物和超氧化物。（　）
6. 碱金属氢氧化物的碱性，随金属离子半径的增大而增强。（　）
7. 草酸钙是溶解度最小的钙盐，在重量分析中常被用来测定钙。（　）
8. 碱土金属碳酸盐的热稳定性按 $MgCO_3 \rightarrow BaCO_3$ 的顺序依次升高。（　）

三、选择题（每小题只有一个正确答案，将正确答案的序号填在括号内）

1. 钠在空气中久置，其成分为（　）。

   A. Na_2CO_3　　B. $NaHCO_3$　　C. Na_2O_2　　D. NaOH

2. 下列反应中，Na_2O_2 只表现强氧化性的是（　）。

   A. $2Na_2O_2 + 2H_2O = 4NaOH + O_2\uparrow$

   B. $Na_2O_2 + MnO_2 = Na_2MnO_4$

   C. $2Na_2O_2 + 2H_2SO_4 = 2Na_2SO_4 + 2H_2O + O_2\uparrow$

   D. $Na_2O_2 + 2KMnO_4 + 4H_2SO_4 = Na_2SO_4 + K_2SO_4 + 2MnSO_4 + 4H_2O + 3O_2\uparrow$

四、完成下列反应方程式

1. $Na_2O_2 + CO_2 ===$

2. $NaOH + SiO_2 ===$

3. $Na_2O + CO_2 ===$

4. $Na + H_2O ===$

5. $H_2O_2 ===$

6. $NaOH + Al + H_2O ===$

五、计算题

NaOH 和 $NaHCO_3$ 的混合物 18.4 g，装入一密闭容器中，在 250℃的温度下进行加热，经充分反应后排出剩余气体，此时容器内固体物质量为 16.6 g。试计算原混合物中各物质的质量。

课题二　p 区金属及其重要化合物

一、填空题

锌和铝都是活泼金属，其氢氧化物既能溶于强酸，又能溶于强碱。回答下列问题：

1. 单质铝溶于氢氧化钠溶液后，溶液中铝元素的存在形式为________（用化学式表达）。

2. 写出锌和氢氧化钠溶液反应的化学方程式________。

3. 写出可溶性铝盐与氨水反应的化学方程式________。

二、判断题（下列叙述中，正确的在括号中打“√”，错误的打“×”）

1. Al_2S_3 与水反应能生成气体和沉淀。（　　）

2. 既能和酸反应，又能和碱反应的物质有 Al、Al_2O_3、$Al(OH)_3$ 等。（　　）

3. 铝酸盐水解使溶液呈酸性。（　　）

4. $Al_2(SO_4)_3$ 和明矾是广泛使用的净水剂（絮凝剂）。（　　）

5. 碱土金属中实际用途较大的是镁，主要用来制造镁铝合金和电子合金。（　　）

6. 碱金属盐类的最大特征是易溶于水，且在水中完全电离。（　　）

7. Al_2S、$Al_2(CO_3)_3$ 这样的弱酸铝盐不能用湿法制取。（　　）

8. 氢氧化铝是两性的，其酸性略强于碱性，但仍属弱酸。（　　）

三、选择题（每小题只有一个正确答案，将正确答案的序号填在括号内）

1. 下列物质中，碱性最强的是（ ）。

A. $Be(OH)_2$　　B. KOH　　C. $Ca(OH)_2$　　D. NaOH

2. 下列物质中，不能用做漂白剂的是（　　）。

A. Na_2O_2　　B. H_2O_2　　C. HClO　　D. H_2S

3. 下列物质中，酸性最强的是（ ）。

A. $Sn(OH)_2$　　B. $Sn(OH)_4$　　C. $Pb(OH)_2$　　D. $Pb(OH)_4$

四、完成下列反应方程式

1. $2Al + 6H_2SO_4$(浓)$\overset{\triangle}{=\!=\!=}$

2. $Al(OH)_3 + NaOH =\!=\!=$

3. $Al_2O_3 + NaOH =\!=\!=$

4. $Al_2S_3 + H_2O =\!=\!=$

5. $Al^{3+} + NH_3 \cdot H_2O =\!=\!=$

课题三　铁系元素、铜族元素、锌族元素及其化合物

一、填空题

1. 铜、银、金都有特征颜色，铜是________色的金属，银是________色的软金属，金是________色金属。

2. 铜族单质密度较________、熔、沸点较________，具有优良的________性、________性及________性等特性。

3. 氧化铜（CuO）为________色粉末，________溶于水。氧化亚铜（Cu_2O）为________色固体，有毒，________溶于水。

二、判断题（下列叙述中，正确的在括号中打“√”，错误的打“×”）

1. 硫化锌可做白色颜料，它同硫酸钡共沉淀所形成的混合晶体 $ZnS \cdot BaSO_4$ 叫做锌钡白（立德粉），是一种优良的白色颜料。（ ）

2. 工业上常用 $FeCl_3$ 的溶液在铁制品上刻蚀字样，或在铜板上制造印制电路。$FeCl_3$ 溶液也叫做烂板剂。（ ）

3. 在保存 Fe^{2+} 盐溶液时，应加入足够浓度的酸，甚至加入几颗铁钉以防氧化。（ ）

4. 在焊接金属时可以用 $ZnCl_2$ 清除金属表面的氧化物。焊接金属用的“熟镪水”，就是氯化锌的浓溶液。（ ）

5. $Zn(OH)_2$ 显两性，溶于强酸成锌盐，溶于强碱而成锌酸盐。（ ）

6. $AgNO_3$ 是较强的氧化剂，皮肤或工作服上沾上 $AgNO_3$ 会逐渐变成紫黑色。（ ）

三、选择题（每小题只有一个正确答案，将正确答案的序号填在括号内）

1. 重金属离子有毒性。实验室有甲、乙两种废液，均有一定毒性。甲废液经化验呈碱性，主要有毒离子为 Ba^{2+}，如将甲、乙两废液按一定比例混合，毒性明显降低。乙废液中可能含有的离子是（　　）。

A. Cu^{2+} 和 SO_4^{2-}　　B. Cu^{2+} 和 Cl^-　　C. K^+ 和 SO_4^{2-}　　D. Ag^+ 和 NO^{3-}

2. 以下是某同学对相应反应的离子方程式所作的评价，其中评价完全合理的是（　　）。

编号	化学反应	离子方程式	评价
A	Cu 和 $AgNO_3$ 溶液反应	$Cu + Ag^+ = Cu^{2+} + Ag$	正确
B	氧化铝与 NaOH 溶液反应	$2Al^{3+} + 3O^{2-} + 2OH^- = 2AlO_2^- + H_2O$	错误，Al_2O_3 不应写成离子形式
C	Fe 和稀硫酸反应	$2Fe + 6H^+ = 2Fe^{3+} + 3H_2\uparrow$	正确
D	钠与硫酸铜溶液反应	$2Na + Cu^{2+} = Cu + 2Na^+$	错误，$CuSO_4$ 不应写成离子形式

3. a、b、c、d、e 分别是 Cu、Ag、Fe、Al、Mg 五种金属中的一种。已知：（1）a、c 均能与稀硫酸反应放出气体；（2）b 与 d 的硝酸盐反应，置换出单质 d；（3）c 与强碱反应放出气体；（4）c、e 在冷浓硫酸中发生钝化。由此可判断 a、b、c、d、e 依次为（　　）。

A. Fe　Cu　Al　Ag　Mg　　B. Al　Cu　Mg　Ag　Fe

C. Mg　Ag　Al　Cu　Fe　　D. Mg　Cu　Al　Ag　Fe

4. 向氢氧化钠溶液中滴加几滴下列溶液，一定能得到白色沉淀的是（　　）。

A. $Al_2(SO_4)_3$ 溶液　　B. $CaCl_2$ 溶液

C. $FeCl_2$ 溶液　　D. $MgSO_4$ 溶液

5. 下列关于将金属钠放入 $CuSO_4$ 溶液中的说法中，不正确的是（　　）。

A. 金属钠浮在溶液的上面　　B. 金属钠在液面不停地游动并发出声音

C. 有红色物质生成　　D. 有蓝色沉淀产生

6. 向盛有氯化铁溶液的烧杯中同时加入铁粉和铜粉，反应结束后，烧杯底部不可能出现的情况是（　　）。

A. 有铜无铁　　B. 有铁无铜

C. 有铁有铜　　D. 无铁无铜

四、简答题

1. 用一种试剂鉴别下列五种溶液：NaCl、$MgCl_2$、$FeCl_3$、$FeCl_2$、$CuCl_2$，并写出相关的化学反应式。

2. 为什么向含有 Fe^{2+} 的溶液中加入 NaOH 溶液后，有灰绿色沉淀生成，然后沉淀逐渐变成红褐色？

五、推断题

1. 某几种物质有以下转化关系：

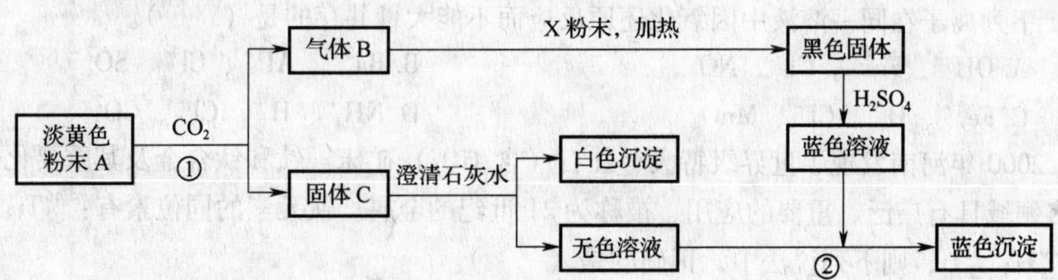

根据上图和实验现象，回答下列问题（用化学式表示）：

（1）A 是________，B 是________，C 是________，X 粉末是________。

（2）写出反应①的化学方程式______________________________。

（3）写出反应②的离子方程式______________________________。

2. 现有一包粉末，其中可能含有 $CaCO_3$、Na_2CO_3、Na_2SO_4、NaCl、$CuSO_4$。进行如下实验：溶于水得无色溶液；向溶液中加入 $BaCl_2$ 溶液生成白色沉淀，再加盐酸时沉淀部分溶解。根据上述实验现象推断：

（1）一定不存在的物质是________________；

（2）一定存在的物质是________________；

（3）可能存在的物质是________________。

课题四　钛、钒、铬、锰及其重要化合物

一、填空题

1. 钛金属外观似________，纯钛具有良好的________性，含杂质时变得脆而硬。钛的机械强度与________相近，但密度比钢________。室温时，它与水、稀盐酸、稀硫酸和硝酸都不作用，但能被________、________、________侵蚀。

2. 钛酸具有________性，既溶于________也溶于________。

二、判断题（下列叙述中，正确的在括号中打“√”，错误的打“×”）

1. 利用重铬酸钾可将乙醇氧化的反应来检测司机是否酒后开车。　（　　）

2. 重铬酸钾在酸性溶液中是强还原剂。 ( )

3. 在碱性介质中，Cr(Ⅲ)有较强的氧化性。 ( )

4. Cr_2O_3 呈两性，不仅溶于酸，且能溶于强碱。 ( )

5. 钛在医学上有着独特的用途，可代替损坏的骨头，而被称为“亲生物金属”。 ( )

三、选择题（每小题只有一个正确答案，将正确答案的序号填在括号内）

1. 下列离子在溶液中能大量共存的是（ ）。

A. Fe^{3+}、NH_4^+、SCN^-、Cl^-　　B. Ba^{2+}、H^+、NO_3^-、SO_4^{2-}

C. Fe^{2+}、Fe^{3+}、Na^+、NO_3^-　　D. Fe^{2+}、NH_4^+、Cl^-、OH^-

2. 下列离子在同一溶液中因氧化还原反应而不能大量共存的是（ ）。

A. OH^-、Fe^{3+}、Cl^-、NO_3^-　　B. Ba^{2+}、Al^{3+}、Cl^-、SO_4^{2-}

C. Fe^{2+}、H^+、Cl^-、MnO_4^-　　D. NH_4^+、H^+、Cl^-、CO_3^{2-}

3. 2000 年河南发现了世界级特大金红石（含 TiO_2）矿床。钛和钛合金及其重要化合物，在许多领域具有广泛、重要的应用，被称为21世纪的金属。钛元素的同位素有：${}^{46}_{22}Ti$；${}^{47}_{22}Ti$；${}^{48}_{22}Ti$；${}^{49}_{22}Ti$；${}^{50}_{22}Ti$，则下列说法中，正确的是（ ）。

A. 据此可知中子数可能为30

B. 据此可算出钛元素的相对原子质量为48

C. 钛元素在元素周期表中位于第四周期

D. 钛与铁（${}_{26}Fe$）同为第Ⅷ族元素

4. 下列特点中，所谓“合金”必须具有的是（ ）。

（1）具有金属特性　（2）通过熔合加工　（3）有两种或两种以上金属（或金属与非金属）　（4）铸造性很好

A. （1）（2）（3）　　B. （1）（3）（4）

C. （2）（4）　　D. （1）（4）

第五单元　化学热力学初步

课题一　基本概念和术语

一、填空题

1. 按照系统和环境之间物质和能量交换情况的不同，可以将系统分为__________、________、________三类。

2. 当两个温度不同的物体相互接触时，高温物体的温度会________，低温物体温度则________，最后两者达到相同的温度。

3. 功用符号 W 表示，当系统对环境做功时，W __________ 0；当环境对系统做功时，W ________ 0（选填“>”“<”或“=”）。

4. 1 mol 理想气体由 0℃，100 kPa，变到 0℃，200 kPa，此过程的 $\Delta G =$ ________ J。

二、判断题（下列叙述中，正确的在括号中打“√”，错误的打“×”）

1. 若一个过程是可逆过程，则该过程中的每一步都是可逆的。（　　）

2. 一定量的理想气体，当其热力学能与温度确定之后，则所有的状态函数也完全确定。（　　）

3. 当系统的状态一定时，所有的状态函数都有一定的数值。当系统的状态发生变化时，所有的状态函数的数值也随之发生变化。（　　）

三、选择题（每小题只有一个正确答案，将正确答案的序号填在括号内）

1. x 为状态函数。下列表述中，不正确的是（　　）。

A. dx 为全微分

B. 当状态确定时，x 的状态确定

C. $\Delta x = \int dx$ 的积分与路径无关，只与始态和终态有关

D. 当体系状态变化，x 的值也变化

2. 对于内能是体系状态的单位函数概念，下列理解错误的是（　　）。

A. 体系处于一定的状态，具有一定的内能

B. 对应于某一状态，内能只能有一个数值，不能有两个以上的数值

C. 状态发生变化，内能也一定跟着变化

D. 对应于一个内能值，可以有多个状态

3. 体系的下列物理量中都是状态函数的是（　　）。

A. T；p；V；Q　　B. m；V_m；C_p；ΔV

C. T；p；V；n　　D. T；p；U；W

4. 对于封闭体系来说，当过程的始态和终态确定后，下列各项中无确定值的是（　　）。

A. Q　　B. $Q+W$

C. W（当 $Q=0$ 时）　　D. W（当 $Q<0$ 时）

四、简答题

1. "物体的温度越高，则热量越多"这种说法是否正确？为什么？

2. 热和功有什么共同点？又有什么区别？为什么说热和功都不是状态函数？

课题二　热力学第一定律及应用

一、填空题

1. 当系统从一个状态变化到另一个状态时，热力学能的改变量只取决于系统的________和________，而与其变化的________无关。

2. 实际气体经截留膨胀后，Q ________ 0，ΔH ________ 0，Δp ________ 0（选填">""<"或"="）。

3. 给一封闭系统内的水加热，以水和蒸汽为体系，则 Q ________ 0，W ________ 0，ΔU ________ 0，ΔH ________ 0（选填">""<"或"="）。

4. 热力学中规定：反应热为________，表示该反应是吸热反应；反应热为________，表示该反应是放热反应。

二、判断题（下列叙述中，正确的在括号中打"√"，错误的打"×"）

1. 恒温过程的 Q 一定为0。（　　）

2. 不可逆过程就是过程发生后，系统不能再复原的过程。（　　）

3. 尽管 Q 和 W 都是途径函数，但（$Q+W$）的数值与途径无关。（　　）

4. 在绝热、密闭、坚固的容器中发生化学反应，ΔU 一定为零，ΔH 不一定为零。 (　　)

5. 功可以全部变成热，但热一定不能全部转化为功。 (　　)

三、选择题（每小题只有一个正确答案，将正确答案的序号填在括号内）

1. 在等压条件下，A + B = C，若 $\Delta_r H_m > 0$，则该反应一定是（　　）。

A. 吸热反应　　B. 放热反应　　C. 温度升高　　D. 无法确定

2. 下列说法中正确的是（　　）。

A. 热容 C 不是状态函数　　B. 热容 C 与路径无关

C. 恒压热容 C_p 不是状态函数　　D. 恒容热容 C_v 不是状态函数

3. 热力学第一定律适用于（　　）。

A. 同一过程的任何途径　　B. 同一过程的可逆途径

C. 同一过程的不可逆途径　　D. 不同过程的任何途径

4. 一定量某理想气体按 PV = 常数的规律被压缩，则压缩后该理想气体的温度将（　　）。

A. 升高　　B. 降低

C. 不变　　D. 不能确定

5. 理想气体向真空膨胀，当一部分气体进入真空容器后，余下的气体继续膨胀所做的体积功为（　　）。

A. $W > 0$　　B. $W = 0$

C. $W < 0$　　D. 无法计算

6. 欲使一过程的 $\Delta G = 0$，应满足的条件是（　　）。

A. 可逆绝热过程

B. 恒容绝热且只做膨胀功的过程

C. 恒温恒压且只做膨胀功的可逆过程

D. 恒温恒容且只做膨胀功的可逆过程

7. 反应 C(石墨) + 1/2O_2(g) = CO_2(g)，ΔH(298 K) < 0 时，若将此反应放于一个恒容绝热容器中，则体系中（　　）。

A. $\Delta T < 0$，$\Delta U < 0$，$\Delta H < 0$　　B. $\Delta T > 0$，$\Delta U = 0$，$\Delta H > 0$

C. $\Delta T > 0$，$\Delta U > 0$，$\Delta H > 0$　　D. $\Delta T > 0$，$\Delta U = 0$，$\Delta H = 0$

四、简答题

1. 试述热力学第一定律的内容及数学表达式。

2. 如果知道某一反应体系在一定温度与压力下，其中 $\Delta G_m < 0$，则体系中的反应物能否全部变成产物？

课题三　热　化　学

一、填空题

1. 对同一化学反应方程式，无论用哪个组分来表征，其数值都是________。但反应进度的量值与________有关。

2. 在标准摩尔生成热计算中，任何一个化学反应的反应热等于________的标准摩尔生成热的总和减去________的标准摩尔生成热的总和。

3. 在标准摩尔燃烧热计算中，任何一个化学反应的反应热等于________的标准摩尔生成热的总和减去________的标准摩尔生成热的总和。

4. 盖斯定律是指____。

二、判断题（下列叙述中，正确的在括号中打"√"，错误的打"×"）

1. 对于一定量的理想气体，当温度一定时热力学能与焓的值一定，其差值也一定。（　　）

2. 在 101. 325 kPa 下，1 mol 100℃的水恒温蒸发为 100℃的水蒸气。若水蒸气可视为理想气体，那么由于过程等温，所以该过程 $\Delta U = 0$。（　　）

3. 在绝热系统中，发生一个从状态 A→B 的不可逆过程，不论用什么方法，系统再也回不到原来状态了。（　　）

三、选择题（每小题只有一个正确答案，将正确答案的序号填在括号内）

1. 下列说法中，不正确的是（　　）。

A. 焓是体系能与环境进行交换的能量

B. 焓是人为定义的一种具有能量量纲的热力学量

C. 焓是体系状态函数

D. 焓只有在某些特定条件下，才与体系吸热相等

2. 下列说法中，正确的是（　　）。

A. 隔离物系中的熵永不减少

B. 在绝热过程中物系的熵会减少

C. 物系处于平衡态时熵值最大

D. 任何热力学过程都可能出现 $\Delta S < 0$ 的情况

3. 关于化学反应的进度ξ，下列说法中正确的是（　　）。

A. ξ是状态函数　　B. ξ与过程有关

C. ξ与平衡常数有关　　D. ξ与平衡转化率有关

四、计算题

1. 计算下列反应在标准状态下的$\Delta_r H^\ominus$（298.15 K）

已知：$CO(g)+H_2O(g)\xrightarrow{\text{恒温恒压}}CO_2(g)+H_2(g)$

	CO	H_2O	CO_2	H_2
$\Delta_f H_m^\ominus$（298.15 K）/KJ·mol^{-1}	−110.525	−241.825	−393.511	0

2. 根据标准生成焓数据，计算下面反应的标准反应焓$\Delta H_{298}^\ominus$。反应为：$CH_4(g)+2O_2(g)=CO_2(g)+2H_2O(g)$。

课题四　热力学第二定律

一、填空题

1. 熵是度量系统内物质微观粒子的混乱度（或无序度）的物理量，系统的熵值________，系统内微观粒子的混乱程度________。

2. 熵变的定义式为________________。

3. 标准摩尔熵变$\Delta_r S_m^\ominus$ = ________________。

4. 在熵增加原理中，当$\Delta S_{孤立}$________0时，为自发过程，$\Delta S_{孤立}$________0时，为平衡状态，$\Delta S_{孤立}$________0时，为非自发过程。

5. 在恒温过程中，吉布斯函数的定义式为________________，在恒温恒压、只做体积功的条件下，吉布斯函数的判定依据为：当ΔG ________0时，为自发过程，过程能向正方向进行；当 ΔG ________0 时，为平衡状态；ΔG ________0，为非自发过程，过程能向逆方向进行（选填“ > ”“ < ”或“ = ”）。

6. 已知某系统从 300 K 的恒温热源吸热 1 000 J，系统的熵变 $\Delta S = 10$ J/K，此过程为________________过程（选填“可逆”或“不可逆”）。

7. 1 mol 理想气体体积由 V 变到 $2V$，若经等温自由膨胀，$\Delta S_1 =$ ________J/K；若经等温可逆膨胀 $\Delta S_2 =$ ________J/K，若经绝热可逆膨胀 $\Delta S_3 =$ ________J/K。

8. 在等温等压下某吸热反应能自发进行，则该反应的 ΔS ________0。

9. 摩尔反应吉布斯函数不仅是________函数，而且还是________函数，而反应的标准平衡常数 $K^{\ominus}$ 只是________的函数，而与________无关。

二、判断题（下列叙述中，正确的在括号中打“√”，错误的打“×”）

1. 熵增加的过程一定是自发过程。（　）
2. 在任一可逆过程中 $\Delta S = 0$，不可逆过程中 $\Delta S > 0$。（　）
3. 吉布斯函数减小的过程一定是自发过程。（　）
4. 平衡态熵最大。（　）
5. 自然界中存在温度降低，但熵值增加的过程。（　）

三、选择题（每小题只有一个正确答案，将正确答案的序号填在括号内）

1. 在相同温度下，两个反应放出的热量分别用 Q_1、Q_2 表示，$H_2(g) + O_2(g) = H_2O(g)$；$\Delta H = -Q_1$；$2H_2(g) + O_2(g) = 2H_2O(l)$；$\Delta H = -Q_2$，则下列关系中正确的是（　）。

A. $Q_1 > Q_2$　　B. $Q_1 = Q_2$　　C. $2Q_1 < Q_2$　　D. $2Q_1 = Q_2$

2. 在 101.325 kPa 下，-10℃时过冷水结成冰是一个自发过程，该过程中（　）。

A. $\Delta S = 0$，$\Delta G = 0$　　B. $\Delta S > 0$，$\Delta G < 0$

C. $\Delta S < 0$，$\Delta G < 0$　　D. $\Delta S > 0$，$\Delta G > 0$

3. 下列说法中错误的是（　）。

A. 孤立体系中发生的任意过程总是向熵增加的方向进行

B. 体系在可逆过程中的热温熵的加和值是体系的熵变

C. 不可逆过程的热温熵之和小于熵变

D. 体系发生某一变化时的熵变等于该过程的热温熵

四、简答题

1. 263 K 的过冷水结成 263 K 的冰，$\Delta S < 0$，与熵增加原理相矛盾吗？为什么？

2. 什么是自发过程？实际过程一定是自发过程吗？

课题五　化学平衡

一、填空题

1. 当可逆化学反应方向自发进行时，$K^{\ominus}$ ________ J，$\Delta_r G_m(T)$ ________ 0；当反应处于平衡状态时，$K^{\ominus}$ ________ J，$\Delta_r G_m(T)$ ________ 0；当反应逆向自发进行时，$K^{\ominus}$ ________ J，$\Delta_r G_m(T)$ ________ 0（选填“>”“<”或“=”）。

2. 化学平衡常数是指____________________。

二、判断题（下列叙述中，正确的在括号中打“√”，错误的打“×”）

1. 放热反应 $A+2B=C$，提高转化率的方法只能是降低温度或减小压力。（　　）

2. 某化学反应 $\Delta_r H_m^{\ominus}$（298. 15 K）<0，$\Delta_r S_m^{\ominus}$（298. 15 K）>0，则反应的标准平衡常数 $K^{\ominus}>1$，且随温度升高而减低。（　　）

三、选择题（每小题只有一个正确答案，将正确答案的序号填在括号内）

1. 反应 $C(s)+2H_2(g)=CH_4(g)$，在 873 K 时 $\Delta_r H_m^{\ominus}=-85$ kJ/mol，为了获得 CH_4 的更大平衡产率，温度和压力的选择应（　　）。

A. 降低温度，减小压力　　B. 升高温度，减小压力

C. 升高温度，增加压力　　D. 降低温度，增加压力

2. 在恒温恒压下，某一化学反应达到平衡时，一定成立的关系式是（　　）。

A. $\Delta_r G_m>0$　　B. $\Delta_r G_m<0$　　C. $\Delta_r G_m=0$　　D. $\Delta_r G_m^{\ominus}>0$

3. 理想气体反应 $A\rightarrow 2B$ 为吸热反应，下述对平衡移动的判断正确的是（　　）。

A. 升高温度，平衡右移　　B. 降低温度，平衡右移

C. 加大压力，平衡右移　　D. 加入惰性气体，平衡左移

4. 下列过程中 $\Delta G=0$ 的是（　　）。

A. 理想气体由 p_1、V_1 等温可逆变到 p_2、V_2

B. 在绝热恒容容器中发生化学反应

C. 化学反应以热力学可逆方式进行

D. 等温等压下化学反应达到平衡

5. 已知25℃、101 kPa 下，石墨、金刚石燃烧的热化学方程式分别为：

$C(石墨)+O_2(g)=CO_2(g)$　$\Delta H=-393.51$ kJ/mol

C(金刚石) + O_2(g) = CO_2(g)　$\Delta H = -395.41$ kJ/mol
据此判断，下列说法中正确的是（　　）。

A. 由石墨制备金刚石是吸热反应；等质量时，石墨的能量比金刚石的低

B. 由石墨制备金刚石是吸热反应；等质量时，石墨的能量比金刚石的高

C. 由石墨制备金刚石是放热反应；等质量时，石墨的能量比金刚石的低

D. 由石墨制备金刚石是放热反应；等质量时，石墨的能量比金刚石的高

6. 已知热化学方程式：$2H_2O(l) = 2H_2(g) + O_2(g)$；$\Delta H = 571.6$ kJ/mol 和 $2H_2(g) + O_2(g) = 2H_2O(g)$；$\Delta H = -483.6$ kJ/mol，当 1 g 液态水变为气态水时，其热量变化为（　　）。

①放出　②吸收　③2.44 kJ　④4.88 kJ　⑤88 kJ

A. ②和⑤　　B. ①和③　　C. ②和④　　D. ②和③

四、计算题

1. 已知反应：$H_2(g) + 1/2O_2(g) = H_2O(g)$；$\Delta_r H_m^{\ominus}$ (298.15 K) = −241.6 kJ/mol，各物质的标准熵值为：

	H_2(g)	O_2(g)	H_2O(g)
$S_m^{\ominus}$(298.15 K)[J/(K·mol)]：	130.5	205.05	188.64

试计算 25℃时 H_2O(g)的标准吉布斯函数变及该反应的标准平衡常数。

2. 在一定条件下，将 N_2 和 H_2 的混合气体 100 mL 通入密闭的容器中，达到平衡时，容器内的压强比反应前减小 1/5，又测得此时混合气体的平均式量为 9，试求：

（1）原混合气体中有 N_2 和 H_2 各多少毫升？

（2）H_2 的转化率是多少？

第六单元　电解质溶液

课题一　电解质的电离

一、填空题

1. 在水溶液中或熔融状态下能__________的电解质称为强电解质，在水溶液中仅能__________的电解质称为弱电解质。

2. 电解质在水溶液中或熔融状态时，离解为自由移动离子的过程叫做__________。

3. 电解质电离度的大小，主要取决于电解质的________。同时也与电解质的________和________温度有关。

4. 在 20 mL 0.1 mol/L HAc 溶液中，加入 0.001 mol 的 NaOH（假设 NaOH 加入后溶液的体积不变），则 HAc 的电离度 α 将__________，溶液中 H^+ 浓度将__________，pH 值将________，Ac^- 浓度将________。（选填“增大”“减小”或“不变”）

二、判断题（下列叙述中，正确的在括号中打“√”，错误的打“×”）

1. 强电解质都是强极性共价键型或离子型化合物。（　　）

2. 在温度相同、溶液浓度相同时，电解质的电离度越小，该电解质越弱；反之，电解质越强。（　　）

3. 一般来讲温度升高，平衡一般就会向电离的方向移动，从而使电解质电离度增大。（　　）

4. 凡是在水溶液中或熔融状态时能导电的物质都是电解质。（　　）

5. 电解质在水溶液中都存在着电离平衡。（　　）

6. SO_3 的水溶液能导电，所以说 SO_3 是电解质。（　　）

7. 电离常数是表示弱电解质电离程度的特征常数。K 值越大，电离程度越大。（　　）

8. 在一定温度下，弱电解质的电离度随溶液的稀释而增大。（　　）

9. 0.2 mol/L HAc 溶液中的 H^+ 浓度是 0.1 mol/L HAc 溶液中的 H^+ 浓度的 2 倍。（　　）

10. pH = 3 的等体积盐酸和醋酸溶液，各自与足量的锌反应，盐酸放出的氢气速度快，而且放出的氢气质量多。（　　）

三、选择题（每小题只有一个正确答案，将正确答案的序号填在括号内）

1. 下列物质属于强电解质的是（　　）。

A. 醋酸　　B. 氢氰酸　　C. 氢氧化钡　　D. 氨水

2. 下列物质属于弱电解质的是（　　）。

A. 硝酸　　B. 氢氧化钾　　C. 硝酸银　　D. 水

3. 下列物质属于非电解质的是（　　）。

A. 氯化钠　　B. 汽油　　C. 碳酸　　D. 氯酸钾

4. 溶液中离子间的反应条件中没有（　　）。

A. 生成难溶物质　　B. 生成易挥发物质

C. 生成水或其他弱电解质　　D. 溶剂蒸发

5. 电离平衡常数只与（　　）有关。

A. 压力　　B. 浓度　　C. 温度　　D. 摩尔质量

6. 下列物质在水溶液中电离时，（　　）能生成 Cl^-。

A. 氯化钙　　B. 次氯酸钠　　C. 氯酸钾　　D. 氯水

四、用离子方程式表示下列反应

1. 氯化铁溶液和氢氧化钠溶液反应。

2. 醋酸与氢氧化钠溶液反应。

3. 碳酸钠溶液与盐酸反应。

4. 盐酸与氢氧化铜溶液反应。

5. 金属锌和稀盐酸的反应。

五、计算题

分别计算 0.20 mol/L HAc 和 0.20 mol/L HCN 的电离度 α 和 H^+ 浓度。根据计算结果，比较浓度相等的不同弱酸，它们的电离度和离子浓度与电离常数有何关系。

课题二　溶液的酸碱性

一、填空题

1. 水的离子积常数是指________________。纯水中加入少量的酸或碱后，水的离子积________变化。

2. ________________叫做 pH。pH 大于 7，溶液呈________性；pH 等于 7，溶液呈________性；pH 小于 7，溶液呈________性。

3. 相同物质的量浓度的 NaOH、HCl、HAc、NaAc、NaCl 溶液，按酸度从大到小的次序排列为________________。

4. 若 H_2CO_3、HCl、NH_3、NaOH、KCl 溶液浓度均为 0.1 mol/L，其按 pH 递增的顺序排列为________________。

5. 1 L 溶液中含有氢氧化钠 4 g，该溶液的 pH 为________。

二、判断题（下列叙述中，正确的在括号中打“√”，错误的打“×”）

1. 25℃时，以水为溶剂的任何物质的稀溶液中 $c(H^+) \cdot c(OH^-) = 1.0 \times 10^{-14}$。（　）

2. 酸性溶液中没有 OH^-，碱性溶液中没有 H^+，中性溶液中既没有 H^+ 又没有 OH^-。（　）

3. 溶液中 H^+ 浓度越大，其 pH 值就越高。（　）

4. pH 增加一个单位时，溶液中氢离子浓度增大 10 倍。（　）

5. pH = 2 和 pH = 3 的盐酸等体积混合，所得溶液的 pH = 5。（　）

6. 酸碱指示剂是借助于颜色的改变来指示溶液 pH 的物质。（　）

三、选择题（每小题只有一个正确答案，将正确答案的序号填在括号内）

1. 物质的量浓度相同的下述溶液中，pH 最大的是（　　）。

A. 硝酸钠　　B. 硫化钠　　C. 氢氧化钠　　D. 硝酸

2. 下列物质的水溶液中，c［OH^-］最小的是（　　）。

A. 硫酸氢钠　　B. 硫氢化钠　　C. 醋酸铵　　D. 碳酸氢钠

四、计算题

1. 已知 $K_{HAc}=1.8\times10^{-5}$，计算 0.001 mol/L HAc 溶液的 pH。

2. 在 100 mL 0.6 mol/L 盐酸和等体积 0.4 mol/L 氢氧化钠溶液进行反应后，pH 是多少?

课题三　盐类的水解

一、填空题

1. 盐类水解的实质是________________。

2. 强酸弱碱盐的水溶液呈________性，强碱弱酸盐的水溶液呈________性，强酸、强碱盐的水溶液呈________性。

3. 弱酸、弱碱形成的盐，如果 $K_{酸}=K_{碱}$，则溶液呈________性；如果 $K_{酸}>K_{碱}$，则溶液呈________性；如果 $K_{酸}<K_{碱}$，则溶液呈________性。

4. 影响盐类水解平衡的因素有盐的本性、________、溶液的温度和溶液的________等。

二、判断题（下列叙述中，正确的在括号中打"√"，错误的打"×"）

1. 碳酸钠不含氢元素，它的水溶液应当呈中性。（　　）

2. 硫化铝在水溶液中不能稳定存在。（　　）

3. 组成盐的酸越弱（K_a 越小），K_h 越大，相应盐的水解程度也越大，该盐溶液的碱性就越强。（　　）

三、选择题（每小题只有一个正确答案，将正确答案的序号填在括号内）

1. 下列物质的水溶液呈中性的是（　　）。

A. NaCl　　B. K_2CO_3　　C. $Al_2(SO_4)_3$　　D. $(NH_4)_2SO_4$

2. 在 $H_2CO_3 \rightleftharpoons H^+ + HCO_3^-$ 平衡体系中，能使电离平衡向左移动的条件是（　　）。

A. 加氢氧化钠　　B. 加盐酸　　C. 加水　　D. 升高温度

3. 配制硫酸铝、氯化锌、氯化铁等溶液时为了防止水解，应加入　　（　　）。

A. 相应酸　　B. 相应碱　　C. 盐　　D. 水

4. 下列几种盐的水溶液中，pH 值最大的是（　　）。

A. 硫酸钠　　B. 氯化铵　　C. 碳酸钾　　D. 醋酸铵

5. 一种盐溶于水后 pH = 8，这种盐可能是（　　）。

A. 硝酸　　B. 氯化铵　　C. 硫酸氢钾　　D. 醋酸钠

四、简答题

1. 下列酸、碱等物质的量反应后，溶液是否均呈中性？为什么？

（1）氢氧化钠与硝酸

（2）氢氧化钾与醋酸

（3）氨水与盐酸

（4）氨水与醋酸

2. 下列盐中，哪些能水解？哪些不能水解？它们的酸碱性如何？能水解的写出水解反应的离子方程式。

（1）硝酸铵

（2）氟化钠

（3）硝酸钾

（4）醋酸钠

课题四 缓冲溶液

一、填空题

1. 能够抵抗外加少量强酸、强碱或稍加稀释，而本身 pH 不发生显著改变的作用称为__________________。

2. 当缓冲溶液中加入过多的酸或碱时，____________________________，缓冲溶液就会失去缓冲作用。

二、判断题（下列叙述中，正确的在括号中打“√”，错误的打“×”）

1. 当缓冲溶液的总浓度一定时，缓冲比（c_a/c_b 或 c_b/c_a）等于 1 时，缓冲容量最大，缓冲能力最强。（ ）

2. 缓冲溶液具有缓冲作用，是由于溶液中有抗酸成分和抗碱成分。（ ）

3. 当向缓冲溶液中加入大量的酸或碱或者大量水稀释时，pH 仍保持不变。（ ）

三、选择题（每小题只有一个正确答案，将正确答案的序号填在括号内）

1. 下列各组溶液中，可做缓冲溶液的是（ ）。

A. $NaH_2PO_4-Na_2HPO_4$ 溶液　　B. $CH_3COOH-NaCl$ 溶液

C. $NH_3 \cdot H_2O-CH_3COOH$ 溶液　　D. $NH_3 \cdot H_2O-NaCl$ 溶液

2. 下列各组溶液中，不可做缓冲溶液的是（ ）。

A. $NaH_2PO_4-Na_2HPO_4$ 溶液　　B. $CH_3COOH-CH_3COONa$ 溶液

C. $NH_3 \cdot H_2O-NH_4Cl$ 溶液　　D. $NH_3 \cdot H_2O-NaCl$ 溶液

四、简答题

1. 组成缓冲对的条件是什么？含有氢氧化钠和氯化钠的溶液是否具有缓冲作用？为什么？

2. 配制缓冲溶液的原则是什么？

五、计算题

在 100 mL 0.10 mol/L 氨水溶液中，加入 1.07 g 氯化铵并假定加入固体后，溶液的体积变化可以忽略不计。问溶液的 pH 为多少？

课题五　沉淀与溶解平衡

一、填空题

1. 在一定温度下，难溶电解质的饱和溶液中，________________叫做溶度积常数。

2. 在任何给定的溶液中，离子积 Q_i 可能有三种情况：当 $Q_i = K_{sp}$ 时是溶液，达到动态平衡；当 $Q_i < K_{sp}$ 时是__________溶液，__________析出；当 $Q_i > K_{sp}$ 时是________溶液，________析出。

二、判断题（下列叙述中，正确的在括号中打“√”，错误的打“×”）

1. 碳酸钡沉淀溶于稀盐酸。　　　　（　　）
2. 氢氧化钡不溶于盐酸。　　　　（　　）
3. 硫化亚铁与稀硫酸作用可以生成硫化氢气体。　　　　（　　）
4. 硫酸钡不溶于盐酸。　　　　（　　）

三、选择题（每小题只有一个正确答案，将正确答案的序号填在括号内）

1. 在一定的温度下，当难溶电解质达到沉淀－溶解平衡时，下列说法正确的是（　　）。

　A. 溶解速度和沉淀速度都等于零

　B. 溶解速度等于沉淀速度

　C. 固体物质的浓度不是常数

　D. 固体物质的浓度等于溶液中离子的浓度

2. 下列关于溶度积常数的说法，不正确的是（　　）。

A. 溶度积常数随温度的改变而改变

B. 溶度积常数的大小与物体的溶解性有关

C. 溶度积常数的大小与物体的浓度有关

D. 在溶度积关系式中，离子的浓度应以其在电离方程式中的系数为指数

四、计算题

1. 在室温下，$BaSO_4$ 的溶度积为 1.07×10^{-10}，计算每升饱和溶液中所溶解的 $BaSO_4$ 为多少克?

2. 通过计算说明下列情况有无沉淀生成。

（1）1 滴 0.001 mol/L $AgNO_3$ 溶液与 2 滴 0.000 6 mol/L K_2CrO_4 溶液混合（1 滴按 0.05 mL计算，已知 $K_{sp,Ag_2CrO_4}=1.12\times10^{-12}$）。

（2）在 0.010 mol/L $Pb(NO_3)_2$ 溶液 100 mL 中，加入固体 NaCl（忽略体积改变，$K_{sp,PbCl_2}=1.17\times10^{-5}$）。

课题六　配位化合物及其解离平衡

一、填空题

1. 配合单元是由中心离子（或原子）和一定数目的________或________通过形成配位共价键结合而形成的复杂结构单元。

2. 配合物 $K_4[Fe(CN)_6]$中的配离子是__________，电荷数是__________；中心离子是________，电荷数是__________；配体是________，配体个数是________，配位体电荷数是________。

二、判断题（下列叙述中，正确的在括号中打“√”，错误的打“×”）

1. 配合物中配离子是带电荷的，所以配离子中的中心离子或配位体也一定带有电荷。 （　　）
2. 凡是可做配合物的配位体的物质，叫做配合剂。 （　　）
3. 多齿配体含有两个或两个以上的配位原子，常称做螯合剂。 （　　）

三、选择题（每小题只有一个正确答案，将正确答案的序号填在括号内）

1. 下列物质属于配合物的是（　　）。
   A. 蓝矾　B. 明矾　C. 硫酸四氨合铜　D. 绿矾
2. 配合物$[CoCl_2(NH_3)_3(H_2O)]Cl$，正确的命名是（　　）。
   A. 氯化三氨一水二氯合钴（Ⅲ）　B. 氯化二氯三氨一水合钴（Ⅲ）
   C. 氯化一水二氯三氨合钴（Ⅲ）　D. 三氨氯化二氯一水合钴（Ⅲ）

四、命名下列配合物

1. $K_4[Fe(CN)_6]$

2. $H[AuCl_4]$

3. $[Ni(CO)_4]$

4. $[PtCl(NO_2)(NH_3)_4]CO_3$

第七单元 电化学基础

课题一 氧化还原反应

一、填空题

1. 氧化还原反应的本质是________________；常见的氧化剂有________、________、________等；常见的还原剂有________、________、________等；既可以做氧化剂又可以做还原剂的物质有________、________、________等。

2. 配平的原则是：(1)____。
(2)____。

3. 配平下列化学反应式：

(1) $NH_3 + O_2 \longrightarrow NO + H_2O$ ____。

(2) $SO_2 + H_2O + I_2 \longrightarrow HI + H_2SO_4$ ____。

4. 汞（Hg）的氧化数为________，$Fe(NH_4)_2(SO_4)_2$ 中 S 的氧化数为________。

5. 用化学方程式表示下列反应，并注明反应类型。

(1) 生石灰与水反应____。

(2) 锌与硫酸铜溶液反应____。

(3) 大理石与盐酸反应____。

6. 分析下列变化过程是氧化还是还原，再按要求填空。

(1) $Fe \rightarrow FeCl_2$，需加入________剂，如________。

(2) $CuO \rightarrow Cu$，需加入________剂，如________。

(3) $HCl \rightarrow Cl_2$，是________反应，HCl 是________剂。

(4) $HCl \rightarrow H_2$，是________反应，HCl 是________剂。

二、判断题（下列反应，正确的在括号中打“√”，错误的打“×”）

1. $Zn + HCl = ZnCl + H_2 \uparrow$ （ ）

2. $CH_4 + 3O_2 = 2H_2O + CO_2 \uparrow$ （ ）

3. $4FeS_2 + 11O_2 = 2Fe_2O_3 + 8SO_2 \uparrow$ （ ）

4. $3Cu + 2HNO_3 = 3Cu(NO_3)_2 + 2NO \uparrow + 4H_2O$ （ ）

5. $2NO_2 + 2H_2O = 2HNO_3 + NO$ （ ）

三、选择题（每小题只有一个正确答案，将正确答案的序号填在括号内）

1. 下列反应一定属于氧化－还原反应的是（　　）。

A. 化合反应　B. 置换反应　C. 分解反应　D. 复分解反应

2. 需要加入适当氧化剂才能实现的变化是（　　）。

A. $PCl_3 \rightarrow PCl_5$　B. $HNO_3 \rightarrow HNO_2$

C. $Cl_2 \rightarrow Cl^-$　D. $CO_2 \rightarrow CO$

3. 下列变化过程，属于还原反应的是（　　）。

A. $HCl \rightarrow MgCl_2$　B. $Na \rightarrow Na^+$　C. $CO \rightarrow CO_2$　D. $Fe^{3+} \rightarrow Fe$

4. 下列反应属于氧化还原反应的是（　　）。

A. $CaCO_3 = CaO + CO_2 \uparrow$

B. $Na_2CO_3 + H_2SO_4 = Na_2SO_4 + H_2O + CO_2 \uparrow$

C. $2Na + O_2 = Na_2O$

D. $Fe_2O_3 + 6HCl = 2FeCl_3 + 3H_2O$

5. 在下列反应中，既是化合反应，又是氧化还原反应的是（　　）。

A. 铜和氯气反应　B. 三氧化硫和水反应

C. 生石灰和水反应　D. 氨气和氯化氢反应

6. 下列制取单质的反应中，化合物作还原剂的是（　　）。

A. $Br_2 + 2NaI = I_2 + 2NaBr$　B. $Zn + H_2SO_4 = ZnSO_4 + H_2 \uparrow$

C. $2C + SiO_2 = Si + 2CO \uparrow$　D. $2Al + Fe_2O_3 = 2Fe + Al_2O_3$

7. 氧化还原反应 $KMnO_4 + FeSO_4 + H_2SO_4 \longrightarrow K_2SO_4 + MnSO_4 + Fe_2(SO_4)_3 + H_2O$ 配平后，各物质的化学计量数正确的是（　　）。

A. 2、10、8、1、1、10、8　B. 2、10、3、1、2、5、3

C. 2、10、8、1、2、5、8　D. 1、5、4、1、1、5、4

8. 氧化还原反应 $KMnO_4 + HCl \longrightarrow KCl + MnCl_2 + Cl_2 + H_2O$ 配平后，各物质的化学计量数正确的是（　　）。

A. 2、8、1、1、5、4　B. 2、16、2、2、5、8

C. 2、10、2、2、5、5　D. 2、16、2、2、5、1

9. 在下列物质中，不能被 Cl_2 氧化的是（　　）。

A. Mn^{2+}　B. Fe^{2+}　C. I^-　D. Sn^{2+}

课题二　原电池和电极电势

一、填空题

1. 铜锌原电池用符号可表示为________，铜锌原电池反应中存在的两个电对分别为________和________。

2. 原电池的电动势等于组成电池的________的电极电势减去________的电极电势，表达式是________。

3. 能斯特方程式为__________________。

4. 根据 E 来判断氧化还原反应进行的方向时，如果 E ________0，反应正向进行；如果 E ________0，反应逆向进行（选填“>”“<”或“=”）。

5. 在 $Zn|Zn^{2+}(1\ mol/L)\parallel H^{+}(1\ mol/L)|H_2(100\ kPa)|Pt(+)$ 中，若电池的电动势为 0.65 V，则锌电极的标准电极电动势为________。

6. 对原电池：$(-)Cu|CuSO_4(C_1)\parallel AgNO_3(C_2)|Ag(+)$，若将 $CuSO_4$ 溶液加水稀释，则该原电池的电动势将________，若在 $AgNO_3$ 溶液中加入少量的氨水，则该原电池的电动势将________（选填“增大”“减小”或“不变”）。

二、判断题（下列叙述中，正确的在括号中打“√”，错误的打“×”）

1. 氧化还原反应中，氧化剂、还原剂同时存在。（ ）
2. 氧化还原反应中，得失电子同时发生而且数量相等。（ ）
3. 在氧化还原反应中，氧化剂所含元素氧化值升高，还原剂所含元素氧化值降低。（ ）
4. 有单质参加或有单质生成的化学反应一定是氧化还原反应。（ ）
5. 在原电池的负极发生的都是氧化反应。（ ）

三、选择题（每小题只有一个正确答案，将正确答案的序号填在括号内）

1. 下列各组金属和溶液，能组成原电池的是（ ）。

A. Cu、Cu、稀硫酸　B. Zn、Cu、浓硝酸
C. Cu、Zn、酒精　D. Zn、Cu、$CuSO_4$ 溶液

2. 在稀硫酸中放入一块镀层严重损坏的白铁片，放出气体的速率是（ ）。

A. 先慢后快　B. 时快时慢　C. 保持不变　D. 先快后慢

3. 将铁片和银片用导线连接置于同一稀盐酸溶液中并经过一段时间后，下列各叙述正确的是（ ）。

A. 负极有 Cl^- 逸出，正极有 H^+ 逸出
B. 负极附近 Cl^- 的浓度减小
C. 正极附近 Cl^- 的浓度逐渐增大
D. 溶液中 Cl^- 的浓度基本不变

4. 把铁钉和碳棒用铜线连接后，浸入 0.01 mol/L 的食盐溶液中，可能发生的现象是（ ）。

A. 碳棒上放出氯气　B. 碳棒近旁产生 OH^-
C. 碳棒上放出氧气　D. 铁钉上放出氢气

5. 已知电极反应 $Cu^{2+}+2e=Cu$ 的 E 为 0.347 V，则电极反应 $2Cu-4e=2Cu^{2+}$ 的 E 值为（ ）。

A. −0.694 V　B. 0.694 V　C. 0.347 V　D. −0.347 V

6. 已知电极反应 $Ag^{+}+e=Ag$ 的 $E^{\ominus}$ 为 0.799 5 V，则电极反应 $2Ag-2e=2Ag^{+}$ 的 $E^{\ominus}$ 为（ ）。

A. 0.159 8 V　B. −0.159 8 V　C. 0.799 5 V　D. −0.799 5 V

四、简答题

1. 一自发进行的沉淀反应 $Ag^{+} + Cl^{-} \xlongequal{} AgCl(s)$，试用该反应组成原电池，写出电池组成式。

2. 判断反应 $MnO_2 + 4HCl \xlongequal{} MnCl_2 + Cl_2\uparrow + 2H_2O$ 在 $c(HCl) = 16\ mol/L$，$p(Cl_2) = 101.325\ kPa$，$c(Mn^{2+}) = 1\ mol/L$ 时，反应进行的方向。

课题三　电解及其应用

一、填空题

1. 电解池是把________能转化成________能的装置。电解池中与电源负极相连的叫________极，与电源正极相连的叫________极。阴极发生________反应，阳极发生________反应。

2. 电镀是利用________原理，在金属或其他制品表面上，镀上一层________的过程。电镀的目的是使金属________________。

3. 用惰性电极电解 KCl 饱和溶液时，阳极发生________________反应，电极反应式为________________；阴极发生________反应，电极反应式为________________。

4. 工业上用 MnO_2 和 KOH 为原料制取 $KMnO_4$，主要生产过程分两步进行：第一步，将 MnO_2、KOH 粉碎混合均匀，在空气中加热熔化并不断搅拌，制取 K_2MnO_4；第二步，将 K_2MnO_4 的浓溶液进行电解，制取 $KMnO_4$。

（1）制取 K_2MnO_4 的化学方程式是________________。

（2）电解 K_2MnO_4 溶液时，两极发生的电极反应分别是：阳极________________，阴极________________，电解的总方程式________________。

二、判断题（下列叙述中，正确的在括号中打“√”，错误的打“×”）

1. 在电解槽中与直流电源负极相接的电极叫负极。　（　　）

2. 电解 Na_2SO_4 溶液时，溶液的浓度不变。　（　　）

3. 用镀层金属做阳极进行电镀时，溶液镀层金属离子不断在阴极表面析出，因此溶液中这种金属离子的浓度越来越小。 ( )

4. 电解熔融食盐和食盐水溶液时，它们得到的产物是相同的。 ( )

三、选择题（每小题只有一个正确答案，将正确答案的序号填在括号内）

1. 下列有关电解原理的说法不正确的是（ ）。

A. 电解饱和食盐水时，一般用铁做阳极，碳做阴极

B. 电镀时，通常把待镀的金属制品做阴极，把镀层金属做阳极

C. 对于冶炼像钠、钙、镁、铝等这样活泼的金属，电解法几乎是唯一可行的工业方法

D. 电解精炼铜时，用纯铜板做阴极，粗铜板做阳极

2. 在原电池和电解池的电极上所发生的反应，属于还原反应的是（ ）。

A. 原电池的正极和电解池的阳极所发生的反应

B. 原电池的正极和电解池的阴极所发生的反应

C. 原电池的负极和电解池的阳极所发生的反应

D. 原电池的负极和电解池的阴极所发生的反应

3. 关于电解 NaCl 水溶液，下列叙述正确的是（ ）。

A. 电解时在阳极得到氯气，在阴极得到金属钠

B. 若在阳极附近的溶液中滴入 KI 淀粉试液，溶液呈蓝色

C. 若在阴极附近的溶液中滴入酚酞试液，溶液仍无色

D. 电解一段时间后，将全部电解液转移到烧杯中，加入适量盐酸充分搅拌后溶液可恢复原状况

4. 在外界提供相同电量的条件下，Cu^{2+} 或 Ag^{+} 分别按 $Cu^{2+} + 2e \rightleftharpoons Cu$ 或 $Ag^{+} + e \rightleftharpoons Ag$ 在电极上放电，若析出银的质量为 3.24 g，则析出铜的质量为（ ）。

A. 6.48 g　　B. 1.92 g　　C. 1.28 g　　D. 0.96 g

5. $pH = a$ 的某电解质溶液中，插入两支惰性电极通直流电一段时间后，溶液的 $pH > a$，则该电解质可能是（ ）。

A. NaOH　　B. H_2SO_4　　C. $AgNO_3$　　D. Na_2SO_4

四、简答题

1. 什么叫极化现象？

2. 什么叫电池的分解电压？实际测量所得的分解电压与理论分解电压有什么差别？

课题四　金属的腐蚀和防护

一、填空题

1. 金属或合金与周围接触到的________或________进行________作用或________作用，而使金属表面遭到________，这种现象叫做金属的腐蚀。

2. 金属的腐蚀可分为________和________两大类，金属的防腐有________、________、________、________。

二、判断题（下列叙述中，正确的在括号中打“√”，错误的打“×”）

1. 杂质锌与稀硫酸的反应速率比纯锌与稀硫酸的反应速率慢。（　　）
2. 金属中的杂质是金属遭受腐蚀的一个重要原因。（　　）
3. 金属在潮湿空气中比在干燥空气中更容易被腐蚀。（　　）

三、选择题（每小题只有一个正确答案，将正确答案的序号填在括号内）

1. 为了防止钢铁锈蚀，下列防护方法中正确的是（　　）。
   A. 在精密机床的铁床上安装铜螺钉
   B. 在排放海水的钢铁阀门上用导线连接一块石墨，一同浸入海水中
   C. 在海轮舷上用铁丝系住锌板浸在海水里
   D. 在地下输油的铸铁管上接直流电源的正极
2. 以下现象与电化学腐蚀无关的是（　　）。
   A. 黄铜（铜锌合金）制作的铜锣不易产生铜绿
   B. 生铁比软铁芯（几乎是纯铁）容易生锈
   C. 铁制器件附有铜制配件，在接触处易生铁锈
   D. 银制奖牌久置后表面变暗
3. 埋在地下的铸铁输油管道，在下列情况下被腐蚀的速度最慢的是（　　）。
   A. 在含铁元素较多的酸性土壤中

B. 在潮湿疏松透气的土壤中

C. 在干燥致密不透气的土壤中

D. 含炭粒较多、潮湿透气的中性土壤中

4. 下列各方法中能对金属起到防止或减缓腐蚀作用的是（　　）。

①金属表面涂抹油漆　②改变金属的内部结构　③保持金属表面清洁干燥　④在金属表面进行电镀　⑤使金属表面形成致密的氧化物薄膜。

A. ①②③④　　B. ①③④⑤　　C. ①②④⑤　　D. ①②③④⑤

5. 下列对金属及其制品的防护措施中，错误的是（　　）。

A. 铁锅用完后，用水刷去其表面的油污，置于潮湿处

B. 通过特殊工艺，增加铝制品表面的氧化膜

C. 对于易生锈的铁制品要定期刷防护漆

D. 把 Cr、Ni 等金属加入到普通钢里制成不锈钢

6. 下列叙述中不正确的是（　　）。

A. 金属的电化学腐蚀比化学腐蚀更普遍

B. 用铝质铆钉铆接铁板，铁板易被腐蚀

C. 钢铁在干燥空气中不易被腐蚀

D. 用牺牲锌块的方法来保护船身

7. 钢铁在潮湿的空气中会被腐蚀，发生的原电池反应为：$2Fe + 2H_2O + O_2 = 2Fe^{2+} + 4OH^-$。以下说法正确的是（　　）。

A. 负极发生的反应为：$Fe - 2e = Fe^{2+}$

B. 正极发生的反应为：$2H_2O + O_2 + 2e = 4OH^-$

C. 原电池是将电能转变为化学能的装置

D. 钢柱在水下部分比在空气与水交界处更容易腐蚀

8. 为了避免青铜器生成铜绿，以下方法正确的是（　　）。

A. 将青铜器放在银质托盘上

B. 将青铜器与直流电源的正极相连

C. 将青铜器保存在潮湿的空气中

D. 在青铜器的表面覆盖一层防渗的高分子膜

9. 下列叙述中不正确的是（　　）。

A. 钢铁在干燥的空气中不易被腐蚀

B. 可以用船尾连锌块的方法来保护船身

C. 金属的电化学腐蚀比化学腐蚀更普遍

D. 用铝质铆钉铆接铁板，铁板易被腐蚀

第八单元　多 相 体 系

课题一　液体与溶液

一、填空题

1. 溶液是由________和________组成的。
2. 饱和蒸气压的大小取决于______________。
3. 增大液体的外压，液体的沸点将__________。
4. 拉乌尔定律可表述为______________，其数学表达式为__________。
5. 亨利定律可表述为______________。
6. 拉乌尔定律和亨利定律的一个共同特征是______________。

二、判断题（下列叙述中，正确的在括号中打“√”，错误的打“×”）

1. 在 101.325 kPa 的压力下，水的沸点比乙醚的沸点低。（　）
2. 拉乌尔定律可以适用于任何浓度下的液体。（　）
3. 拉乌尔定律中溶剂的蒸气压与溶剂在溶液中的摩尔分数成反比关系。（　）

三、选择题（每小题只有一个正确答案，将正确答案的序号填在括号内）

1. 在一定温度下，稀溶液中挥发性溶质在气相中的平衡分压为 0.95 个大气压，挥发性溶质在溶液中的摩尔分数为 30%，则其亨利常数为（　）。

A. 3.17　　B. 1.56　　C. 4.43　　D. 3.20

2. 在某稀溶液中，纯溶剂的蒸气压为 0.36，溶剂在溶液中的摩尔分数为 40%，则该溶液中溶剂的蒸气压为（　）。

A. 0.15　　B. 0.144　　C. 0.138　　D. 0.26

四、计算题

1. 15.6 g 的水与 1.68 g 蔗糖形成水溶液，求 100℃时溶液的饱和蒸气压（蔗糖的分子式为 $C_{12}H_{22}O_{11}$）。

2. 已知25℃时水的饱和蒸气压为23.8 毫米汞柱，求在该温度下，250 g 水中含有甘油4.3 g 的溶液的蒸气压（已知甘油的分子量为92）。

课题二　相平衡和相图

一、填空题

1. 在一透明的真空容器中装入足够量的某种纯液体，若对其不断加热，可见到________现象，若使容器不断冷却，又可见到________现象。

2. 在密闭容器中，NaCl 的饱和溶液与其水蒸气呈平衡状态，并且存在着从溶液中析出的细小 NaCl 晶体，则系统的组分数 $C=$ ________，相数 $P=$ ________，自由度数 $f=$ ________。

3. 有理想气体反应 $A(g)+2B(g)$ ══ $C(g)$ 在等温和总压不变的条件下进行，若原料气体中 A 与 B 的物质的量之比为 1∶2，达平衡时系统的组分数 $C=$ ________，自由度数 $f=$ ________。

二、判断题（下列叙述中，正确的在括号中打“√”，错误的打“×”）

1. 单组分系统的物种数一定等于 1。（　　）
2. 自由度就是可以独立变化的变量。（　　）
3. 相图中的点都是代表系统状态的点。（　　）
4. 在恒定的压力下，根据相律得出某一系统的相数 $F=1$，则该系统的温度就有唯一确定的值。（　　）
5. 单组分系统的相图中两相平衡线都可以用克拉贝龙方程定量描述。（　　）
6. 在相图中总可以利用杠杆规则计算两相平衡时两相的相对的量。（　　）
7. 对于二元互溶液系，通过精馏方法总可以得到两个纯组分。（　　）
8. 若 AB 两液体完全不互溶，那么当 B 存在时，A 的蒸气压与系统中 A 的摩尔分数成正比。（　　）
9. 1 mol NaCl 溶于 1 L 水中，在 298 K 只有一个平衡蒸气压。（　　）

三、选择题（每小题只有一个正确答案，将正确答案的序号填在括号内）

1. 在一定温度下，在水和 CCl_4 组成的互不相溶的系统中，向水层中加入 1∶1 的 KI 和 I_2，此系统的自由度数是（　　）。

A. 1　　B. 2　　C. 3　　D. 4

2. 室温下氨基甲酸铵分解反应为 $NH_2CO_2NH_4(s)$ ══ $2NH_3(s)+CO_2(g)$ 若在 300 K 时向

系统中加入一定量的$NH_2CO_2NH_4(s)$固体，则此系统的物种数 S 和组分数 C 应为（　　）。

A. $S=1$，$C=1$　　B. $S=3$，$C=2$　　C. $S=3$，$C=1$　　D. $S=3$，$C=3$

3. 由 2 mol A 和 2 mol B 形成理想液态混合物，$p_A^*=90$ kPa，$p_B^*=30$ kPa，则气相摩尔分数之比 y_A∶y_B 为（　　）。

A. 3∶1　　B. 4∶1　　C. 6∶1　　D. 8∶1

4. 向处于 A，B 二组分固 - 液相图的区域 2 中的某系统投入一块结晶 A（s），发生的现象是（　　）。

A. A（s）很快溶化

B. B（s）量增加

C. A（s）量增加

D. 液相中 B 的浓度变化

四、简答题

1. 什么叫相？气、液、固体的相应该怎么划分？

2. 水的三相点与水的冰点有何区别？

课题三　胶 体 化 学

一、填空题

1. 溶胶系统所具有的三个基本特点是________；________；________。

2. 溶胶的动力性质包括________________。

3. 关于胶体稳定性的 DLVO 理论认为，胶团之间的吸引力势能产生于________；而排斥力势能产生于________________。

4. 在外加电场作用下，胶粒在分散介质中的移动称为________。

二、判断题（下列叙述中，正确的在括号中打“√”，错误的打“×”）

1. $Fe(OH)_3$ 溶胶吸附阳离子的胶粒带负电。（　）
2. 溶胶粒子越小，布朗运动越剧烈，其剧烈的程度随温度升高而降低。（　）
3. 溶胶粒子大小通常小于 10^{-7}m。（　）

三、选择题（每小题只有一个正确答案，将正确答案的序号填在括号内）

1. 憎液溶胶在热力学上是（　）。

A. 不稳定，可逆体系　　B. 不稳定，不可逆体系

C. 稳定，可逆体系　　D. 稳定，不可逆体系

2. 丁达尔现象是光照射到溶胶粒子上发生的（　）现象。

A. 反射　　B. 折射　　C. 散射　　D. 透射

3. 大分子溶液与憎液溶胶在性质上的主要区别在于后者（　）。

A. 有渗透压　　B. 扩散慢

C. 有电泳现象　　D. 是热力学上的不稳定系统

4. 下列对亲液溶胶与憎液溶胶所具有的共同特性叙述不正确的是（　）。

A. 分散相粒子半径为：10^{-9}m ~ 10^{-7}m　　B. 在介质中扩散慢

C. 不透过半透膜　　D. 具有很大的相界面

5. 溶胶的基本特性之一是（　）。

A. 热力学上稳定而动力学上稳定的系统

B. 热力学上和动力学上皆属不稳定的系统

C. 热力学上稳定和动力学上不稳定的系统

D. 热力学上和动力学上皆属稳定的系统

四、简答题

1. 为什么说胶体系统具有热力学不稳定性和动力学稳定性？

2. 结合憎液溶胶和高分子溶液稳定的主要原因，解释何为聚沉作用？何为盐析作用？

课题四　界面现象

一、填空题

1. 朗缪尔公式的适用条件仅限于________吸附。

2. 推导朗缪尔吸附等温式时，其中假设之一吸附是________分子层的；推导 BET 吸附等温式时，其中假设之一吸附是________分子层的。

3. 表面张力随温度升高而________（选填“增大”“不变”或“减小”）。当液体到临界温度时，表面张力等于________。

4. 物理吸附的吸附力是________，吸附分子层是________。

5. 表面活性剂按亲水基团的种类不同，可分为：________、________、________、________。

6. 物理吸附永远为________热过程。

二、判断题（下列叙述中，正确的在括号中打“√”，错误的打“×”）

1. 物理吸附无选择性。（　）

2. 弯曲液面所产生的附加压力与表面张力成正比。（　）

3. 溶液表面张力总是随溶液浓度的增大而减小。（　）

4. 朗缪尔吸附的理论假设之一是吸附剂固体的表面是均匀的。（　）

5. 朗缪尔等温吸附理论只适用于单分子层吸附。（　）

6. 在相同温度与外压力下，水在干净的玻璃毛细管中呈凹液面，故管中饱和蒸气压应小于水平液面的蒸气压力。（　）

7. 分子间力越大的液体，其表面张力越大。（　）

三、选择题（每小题只有一个正确答案，将正确答案的序号填在括号内）

1. 朗缪尔公式可描述为（　）。

A. 五类吸附等温线　B. 三类吸附等温线

C. 两类吸附等温线　D. 化学吸附等温线

2. 化学吸附的吸附力是（　）。

A. 化学键　B. 范德华力　C. 库仑力　D. 表面张力

3. 温度与表面张力的关系是（　）。

A. 温度升高表面张力降低　B. 温度升高表面张力增加

C. 温度对表面张力没有影响　D. 不能确定

4. 液体表面张力的方向总是（　）。

A. 沿液体表面的法线方向，指向液体内部

B. 沿液体表面的法线方向，指向气相

C. 沿液体的切线方向

D. 无确定的方向

四、简答题

1. 弯曲液面下的附加压力与液面的凹凸有何关系？

2. 学习胶体、表面压力、吸附等相关知识，在化工生产中有什么作用？

第九单元　化学动力学初步

课题一　化学反应速率及速率方程

一、填空题

1. 通常，化学反应速率可以用单位时间内________或________来表示。

2. 对于在一定温度和体积下 N_2 和 H_2 合成 NH_3 的反应中，分别用 N_2、H_2、NH_3 的浓度变化来表示反应的速率，那么 $\bar{v}_{(N_2)}$、$\bar{v}_{(H_2)}$ 和 $\bar{v}_{(NH_3)}$ 之间的数量关系是________。

3. 反应 $A \rightarrow 2B + \frac{1}{2}C$，如对 A 来说，反应是一级反应，其速率方程表达式为________；如 $\bar{v}_{(B)} = 1.0$ mol/（L · min），则 $\bar{v}_{(A)}$ = ________；$\bar{v}_{(C)}$ = ________。

4. 反应 $2SO_2 + O_2 \rightleftharpoons 2SO_3$ 经过一段时间后，SO_3 的浓度增加了 0.4 mol/L，在这段时间内用 O_2 表示的反应速率为 0.04 mol/（L · s），则这段时间为________。

5. 反应 $H_2(g) + I_2(g) \xlongequal{\quad} 2HI(g)$ 的速率方程为 $v = kc_{H_2}c_{I_2}$，能根据这点说它肯定是基元反应吗？________（选填“是”或“否”）；能否说它肯定是双分子反应？________（选填“是”或“否”）。

6. 在一定温度、压力下反应 $A(g) \longrightarrow B(g) + D(g)$，若 A(g) 完全反应掉所需的时间是其反应掉一半所需时间的 2 倍，则反应的级数 n = ________。

二、判断题（下列叙述中，正确的在括号中打“√”，错误的打“×”）

1. 反应的级数取决于反应方程式中反应物的化学计量数。（　　）
2. 质量作用定律适用于任何实际上能进行的反应。（　　）
3. 升高温度，正反应速率增大，逆反应速率减小，结果使平衡向正反应方向移动。（　　）
4. 对于所有的零级反应来说，反应速率常数均为零。（　　）
5. 反应速率常数的大小即反应速率的大小。（　　）
6. 由反应速率常数的单位可以知道该反应的反应级数。（　　）
7. 某反应分几步进行，则总反应速率取决于最慢一步的反应速率。（　　）

三、选择题（每小题只有一个正确答案，将正确答案的序号填在括号内）

1. 下列关于化学反应速率的论述中，正确的是（　　）。
   A. 化学反应速率是指一定时间内任何一种反应物物质的量浓度的减少或任何一种生成物物质的量的增加

B. 化学反应速率为0.2 mol/（L·s）是指1 s时某物质的浓度为0.2 mol/L

C. 决定反应速率的主要因素是反应物的浓度

D. 根据化学反应速率的大小可以知道化学反应进行的快慢

2. 下列关于化学反应速率的论述中，正确的是（　　）。

A. 化学反应速率可用某时刻生成物的物质的量来表示

B. 在同一反应中，用反应物或生成物表示的化学反应速率数值是相同的

C. 化学反应速率是指反应进行的时间内，反应物浓度的减少或生成物浓度的增加

D. 可用单位时间内氢离子物质的量浓度的变化来表示 NaOH 和 H_2SO_4 的反应速率

3. 在一定条件下，向 1 L 密闭容器中加入 2 mol N_2 和 10 mol H_2，发生反应 $N_2 + 3H_2 \rightleftharpoons 2NH_3$，2 min 末时，测得剩余氮气为1 mol，下列有关该反应的反应速率的描述中不正确的是（　　）。

A. $v_{(N_2)} = 0.5$ mol/（L·min）　　B. $v_{(H_2)} = 1.5$ mol/（L·min）

C. $v_{(NH_3)} = 2$ mol/（L·min）　　D. $v_{(NH_3)} = 1$ mol/（L·min）

4. 若反应 A + B ═══ C 对于 A 和 B 来说都是一级反应，则（　　）。

A. 此反应为一级反应

B. 此反应为零级反应

C. 两反应物中无论何者浓度增加 1 倍，都会使反应速率增加 1 倍

D. 两反应物的浓度同时减半，则反应速率也将减半

5. 对基元反应，下列叙述中正确的是（　　）。

A. 反应级数和反应分子数总是一致的

B. 反应级数总是大于反应分子数

C. 反应级数总是小于反应分子数

D. 反应级数不一定与反应分子数相一致

四、简答题

1. 什么是化学反应的平均速率、瞬时速率？两种反应速率之间有何区别与联系？

2. 什么是基元反应？什么是复杂反应？

3. 应用速率方程时应注意哪些问题？

五、计算题

1. 在过氧化氢酶的催化下，发生以下分解反应：$H_2O_2(L) \rightleftharpoons H_2O(L) + \frac{1}{2}O_2(g)$，当反应进行5 min后，测得 H_2O_2 浓度降低 3.0×10^{-3} mol/L，计算 H_2O_2 的分解速率和 O_2 的生成速率。

2. A和B的浓度分别为0.15 mol/L和0.03 mol/L，$k = 0.005$，根据速率方程表达式：$v = kc_{(A)}c_{(B)}^2$，计算该反应的反应速率。

3. 某零级反应 $A \longrightarrow B + C$，已知A的起始浓度为0.36 mol/L，完全分解用了1.0 h，试求该反应以"s"为时间单位表示的速率常数。

课题二　化学反应的基本理论

一、填空题

1. 根据碰撞理论，________是决定化学反应速率大小的重要因素。
2. 具备足够能量的反应物分子组，称为________________。
3. 活化分子发生有效碰撞的必要条件是________。碰撞理论中的这种能量限制，称为________________。
4. 根据过渡状态理论，在一个化学反应中，反应物分子首先要形成一个极不稳定的________________。
5. 过渡状态理论中，把反应物分子翻越活化配合物的能垒称为________________。

二、判断题（下列叙述中，正确的在括号中打"√"，错误的打"×"）

1. 反应的活化能越大，反应速率越大；反应的活化能减小，反应速率常数也随之减小。（　）

2. 升高温度，反应速率加快的原因是由于反应物活化分子的百分数增加。（　）

3. 可逆反应中，吸热方向的活化能一般大于放热方向的活化能。（　）

4. 确切地说，“温度升高，分子碰撞次数增大，反应速率也增大。”（　）

三、简答题

1. 简述反应速率的碰撞理论的理论要点。

2. 简述反应速率的过渡状态理论的理论要点。

课题三　化学反应速率的影响因素

一、填空题

1. 在密闭容器里，通入 x mol H_2 和 y mol $I_2(g)$，改变下列条件，反应速率将如何改变？（选填“增大”“减小”或“不变”）

（1）升高温度________；（2）充入更多的 H_2________；

（3）扩大容器的体积________；（4）容器容积不变，通入氖气________。

2. 在体积为 2 L 的密闭容器中发生 $2SO_2 + O_2 = 2SO_3$ 反应，现控制下列三种不同的条件：（1）在 400℃时，10 mol SO_2 与 5 mol O_2 反应；（2）在 400℃时，20 mol SO_2 与 5 mol O_2 反应；（3）在 300℃时，10 mol SO_2 与 5 mol O_2 反应。则反应开始时，正反应速率最快的是________；正反应速率最慢的是________。

3. 根据阿累尼乌斯公式________，可以判断：反应的活化能越大，反应速率就越________；温度越高，反应速率越________。

4. 已知：

基元反应	正反应的活化能（kJ/mol）	逆反应的活化能（kJ/mol）
A	70	20
B	16	35
C	40	45
D	20	80

E	20	30

在相同温度时：

（1）正反应是吸热反应的是________；

（2）放热最多的反应是________；

（3）正反应速率常数最大的反应是________；

（4）反应可逆性最大的反应是________；

（5）正反应的速率常数 k 随温度变化最大的是________。

5. 已知氯酸钾和亚硫酸氢钠发生氧化还原反应时，生成 −1 价的氯和 +6 价的硫的化合物，反应速率 v 和反应时间 t 的关系如右图所示。

v/mol/(L·min)

0　t/min

已知这个反应的反应速率随溶液中氢离子浓度增大而加快，试解释：

（1）反应开始后，反应速率加快的原因是________________________________。

（2）反应后期，反应速率下降的原因是________________________________。

二、判断题（下列叙述中，正确的在括号中打“√”，错误的打“×”）

1. 升高温度，可使吸热反应的反应速率增大，放热反应的反应速率减小。（　）

2. 任何可逆反应，在一定温度下，不论参加反应的物质浓度如何不同，反应达到平衡时，各物质的平衡浓度都相同。（　）

3. 决定化学反应速率的根本因素是温度和压强。（　）

4. 增加反应物浓度，可加快反应速率，使反应进行得更完全。（　）

5. 化学反应速率常数只取决于温度，而与反应物、生成物的浓度无关。（　）

6. 温度每增加 10℃，一切化学反应的反应速率均增加 2 ~ 4 倍。（　）

三、选择题（每小题只有一个正确答案，将正确答案的序号填在括号内）

1. 一般都能使化学反应速率加快的方法是（　）。

①升温　②改变生成物浓度　③增加反应物浓度　④加压

A. ①②③　　B. ①③　　C. ②③　　D. ①②③④

2. NO 和 CO 都是汽车尾气里的有害物质，它们能缓慢地起反应生成氮气和二氧化碳气体：$2NO + 2CO \rightleftharpoons N_2 + 2CO_2$，对此反应，下列叙述正确的是（　）。

A. 改变压强对反应速率没有影响

B. NO 浓度越大，该反应速率越大，反应越完全，对人体危害越小

C. 冬天气温低，反应速率降低，对人体危害更大

D. 无论外界条件怎样改变，均对此化学反应的速率无影响

3. 决定化学反应速率的根本因素是（　）。

A. 温度和压强　　B. 反应物的浓度

C. 参加反应的各物质的性质　　D. 催化剂的加入

4. 下列说法中正确的是（　　）。

A. 一定条件下，增加反应物的量，必定加快反应速率

B. 升高温度对放热反应会减慢反应速率，而对吸热反应才会加快反应速率

C. 增大压强，对气体反应都会加快反应速率

D. 使用催化剂一定会加快反应速率

5. 下列几种条件变化中，能引起反应速率常数（k）值改变的是（　　）。

A. 反应温度改变　　B. 反应容器的体积改变

C. 反应压力改变　　D. 反应物浓度改变

6. 升高温度可以增加反应速率，主要原因是因为（　　）。

A. 增加了分子总数　　B. 增加了活化分子百分数

C. 降低了反应的活化能　　D. 促使反应向吸热方向移动

7. 有三个反应，其活化能（kJ/mol）分别为：A 反应 320，B 反应 40，C 反应 80。当温度升高相同数值时，以上反应速率增加的倍数的大小顺序为（　　）。

A. A > C > B　　B. A > B > C　　C. B > C > A　　D. C > B > A

四、简答题

1. 浓度和温度对化学反应速率有哪些影响?

2. 用 Zn 与稀 H_2SO_4 制取 H_2 时，在反应开始后的一段时间内反应速率加快，后来反应速率变慢。试从浓度、温度等因素来解释这个现象（已知该反应为放热反应）。

五、计算题

1. 根据实验，NO 和 Cl_2 的反应：$2NO(g) + Cl_2(g) \longrightarrow 2NOCl(g)$，满足质量作用定律。

（1）写出该反应的反应速率方程式。

(2) 该反应的总级数是多少?

(3) 其他条件不变,如果将容器的体积增加至原来的2倍,反应速率如何变化?

(4) 如果容器的体积不变而将NO的浓度增加至原来的3倍,反应速率又将如何变化?

2. 甲酸在金表面上的分解反应在温度为140℃和185℃时的速率常数分别为5.5×10^{-4}/s及9.2×10^{-2}/s,试求该反应的活化能。

3. 已知反应:①$2N_2O_5(g)\rightleftharpoons 4NO_2(g)+O_2(g)$　$E_a=103.3$ kJ/mol

②$C_2H_5Cl(g)\rightleftharpoons C_2H_4(g)+HCl(g)$　$E_a=246.9$ kJ/mol

如果:(1) 将反应温度由300 K上升到310 K,上述两反应的速率各增大多少倍?说明这是为什么?

(2) 将反应②的温度由700 K上升到710 K,反应的速率又增大多少倍?与反应②中的(1)比较说明了什么?

课题四　催化作用与催化剂

一、填空题

1. 影响化学反应速率的因素有________、________、________和________等。

2. 催化剂改变了________，降低了________，从而增加了________，使反应速率加快。

3. 催化剂的活性中心占很小的部分，故某些物质如硫化氢，虽然量很小，却能使催化剂失去作用，这叫催化剂的________，采取某种措施使催化剂恢复活性叫________。

4. 当 CO_2 和 H_2O 进行光合作用时，叶绿素是这个反应的________。

5. 均相催化指____。

6. 在多相催化反应中，催化反应发生在________上，通常催化剂为________，反应物为________。

7. 在多相催化反应中，避免扩散控制的方法是________、________、________等。

8. 请将下表填写完整：

化学反应条件的改变	对 E_a、k 的影响（选填“增大”“减小”或“不变”）	
	活化能 E_a	速率常数 k
升高温度		
加入催化剂		

二、判断题（下列叙述中，正确的在括号中打“√”，错误的打“×”）

1. 在化学反应体系中加入催化剂将增加平衡时产物的浓度。（　　）

2. 采用了催化剂后与使用催化剂前相比，反应的速率、反应历程甚至反应产物都可能发生改变。（　　）

3. 催化剂只能加快化学反应速率，而不改变化学反应的平衡常数。（　　）

4. 催化剂加速化学反应到达平衡是由于它提高了正反应的速率，同时降低了逆反应的速率。（　　）

5. 催化剂在反应前后所有性质都不改变。（　　）

三、选择题（每小题只有一个正确答案，将正确答案的序号填在括号内）

1. 下列一系列反应，说明了使 I^- 氧化成 I_2 的机理：

$$NO + \frac{1}{2}O_2 = NO_2$$

$$NO_2 + 2I^- + 2H^+ = NO + I_2 + H_2O$$

$$I_2 + I^- = I_3^-$$

此一系列反应中的催化剂是（　　）。

A. NO　　B. O_2　　C. H^+　　D. NO_2

2. 下列说法中正确的是（　　）。

A. 某种催化能加快所有反应的速率

B. 能提高正向反应速率的催化剂是正催化剂

C. 催化剂可以提高化学反应的平衡产率

D. 催化反应的热效应升高

3. 某反应物在一定条件下的平衡转化率是 35%，当加入催化剂时，若反应条件不变，此时它的平衡转化率是（　　）。

A. 大于 35%　　B. 等于 35%　　C. 小于 35%　　D. 无法知道

4. 今有一可逆反应，欲用某种催化剂，以增大正反应产物的产量，该催化剂应该具有（　　）的性质。

A. 仅能增大正反应速率

B. 同等程度地催化逆反应，从而缩短达到平衡时的时间

C. 能使平衡常数发生改变，从而增加正反应速率

D. 降低正反应活化能，从而使正反应速率加快

5. 酶催化的主要缺点是（　　）。

A. 选择性不高　　B. 酶分离提纯技术昂贵

C. 催化活性低　　D. 对温度反应迟钝

6. 催化剂能极大地改变反应速率，以下说法不正确的是（　　）。

A. 催化剂改变了反应历程

B. 催化剂降低了反应的活化能

C. 催化剂改变了反应的平衡，以致使转化率大大地提高了

D. 催化剂能同时加快正向和逆向反应速率

7. 加催化剂可使化学反应中的（　　）发生改变。

A. 反应热　　B. 平衡常数　　C. 反应熵变　　D. 速率常数

8. 要降低反应的活化能，可以采取的手段是（　　）。

A. 升高温度　　B. 降低温度　　C. 移去产物　　D. 使用催化剂

四、简答题

1. 催化剂对化学反应速率有哪些影响？

2. 催化剂的基本特征是什么？

3. 为什么极少量的杂质就能使催化剂中毒？

4. 在多孔性催化剂表面上的气－固相催化反应要经过哪些具体步骤？

第十单元　烃

课题一　有机化合物概述

一、填空题

1. 有机化学是研究________________________________。

2. 有机化合物是碳氢化合物及其________，其结构特点是碳原子都是________价，分子中的原子均以________键结合，而且各原子间是按一定的顺序和方式相互连接的，这种排列顺序和连接方式叫做________，表示分子构造的式子叫做________。

3. 有机化合物与无机化合物相比较，有机化合物具有如下的特性：________、________、________、________。

4. 为了便于学习和研究，常将有机化合物进行分类。一种是按照有机化合物分子中的________不同分类，另一种是按照分子中的________不同分成________、________和________三大类。

二、判断题（下列叙述中，正确的在括号中打"√"，错误的打"×"）

1. 有机化合物中只含有碳氢两种元素。（　）
2. 只要是含碳的化合物，都是有机物。（　）
3. 由于有机化合物的熔、沸点比无机化合物低，因此有机化合物都易燃。（　）
4. 多数有机化合物有易燃烧的特性。（　）

三、选择题（每小题只有一个正确答案，将正确答案的序号填在括号内）

1. 在有机物分子中，碳原子与相邻原子形成的共价键是（　）个。

A. 1　　B. 2　　C. 3　　D. 4

2. 下列化合物属于有机化合物的是（　）。

A. Na_2CO_3　　B. C_2H_4

C. H_2CO_3　　D. CO_2

3. 下列有机化合物属于芳香族化合物的是（　）。

A.
```
      CH2
     /   \
  CH2 —— CH2
```
B. $CH_3—CH_2—CH_2—CH_3$

C.
$$\begin{array}{l} CH_2—CH_2 \\ | \qquad\quad | \\ CH_2—CH_2 \end{array}$$

D.
$$\begin{array}{ccc} & H & \\ & C & \\ HC & & CH \\ HC & & CH \\ & C & \\ & H & \end{array}$$

课题二 烷　　烃

一、填空题

1. 仅由________两种元素组成，且碳原子之间都以单键结合成链状的一类有机化合物叫________或________。通式为________。

2. 结构________，在分子组成上相差一个或若干个________的物质相互称为同系物。

3. 化合物具有相同的________，但具有不同的________和________的现象叫同分异构现象。具有同分异构现象的化合物互称为________。

4. 分子中含有伯碳、仲碳、叔碳、季碳原子的相对分子量最小的烷烃的构造式是________。

二、判断题（下列叙述中，正确的在括号中打“√”，错误的打“×”）

1. 烷烃同系物具有相同的分子通式。（　　）
2. 一种分子式只能代表一种物质。（　　）
3. 同分异构现象是造成有机物种类繁多、数目庞大的重要原因之一。（　　）
4. 互为同系物的物质，它们的分子式一定不同；互为同分异构体的物质，它们的分子式一定相同。（　　）
5. 乙烷是只含有伯碳原子的烷烃。（　　）
6. C_2H_6 和 C_2H_4 互称为同系物。（　　）
7. 含有 32 个氢原子的烷叫十五烷。（　　）
8. 丙烷在空气中可以燃烧，在高温或强光照射条件下能与氯气发生取代反应。（　　）

三、选择题（每小题只有一个正确答案，将正确答案的序号填在括号内）

1. 分子中只有伯氢原子、分子式为 C_5H_{12} 烷烃的构造式为（　　）。

A.
$$\begin{array}{c} CH_3 \\ | \\ H_3C—C—CH_3 \\ | \\ CH_3 \end{array}$$

B.
$$\begin{array}{l} H_3C—CH—CH_2—CH_3 \\ \qquad\quad | \\ \qquad\; CH_3 \end{array}$$

C. $H_3C—CH_2—CH_2—CH_2—CH_3$

D. $H_3C—CH_2—CH_2—CH═CH_2$

2. 下列烷烃，同分异构体的数目最多的是（　　）。

A. C_4H_{10}　　B. C_6H_{14}　　C. $C_{10}H_{22}$　　D. C_8H_{18}

3. 相对分子质量为 72 的烷烃，名称是（　　）。

A. 乙烷　　B. 丙烷　　C. 丁烷　　D. 戊烷

4. 符合分子式 C_6H_{14} 的烷烃的同分异构体有（　　）种。

A. 3　　B. 4　　C. 5　　D. 6

5. 下列化合物的沸点由高到低的顺序是（　　）。

①正庚烷　②正己烷　③2 - 甲基戊烷　④2，2 - 二甲基丁烷

A. ①>②>③>④　　B. ④>③>②>①

C. ②>③>④>①　　D. ③>④>②>①

6. 关于取代反应的叙述中，正确的是（　　）。

A. 有机物分子中的氢原子被卤素原子所取代

B. 有机物分子中的氢原子被其他原子或原子团所取代

C. 有机物分子中的某些原子被其他原子或原子团所取代

D. 有机物分子中的某些原子或原子团被其他原子或原子团所取代

7. 丙烷与氯气发生取代反应，生成一氯取代产物可能有（　　）种。

A. 1　　B. 2　　C. 3　　D. 4

四、用系统命名法命名下列化合物

1.
$$\begin{array}{ccccccccc} & & & & & & CH_3 & & \\ & & & & & & | & & \\ H_3C & — & CH & — & CH_2 & — & C & — & CH_3 \\ & & | & & & & | & & \\ & & CH_3 & & & & CH_3 & & \end{array}$$

2.
$$\begin{array}{lllllllll} & & & & CH_3 & & & & \\ & & & & | & & & & \\ & & & & CH_2 & & & & \\ & & & & | & & & & \\ H_3C & — & CH_2 & — & CH & — & CH & — & CH_3 \\ & & & & & & | & & \\ & & & & & & CH_2—CH_3 & & \end{array}$$

3.
$$\begin{array}{lllllllll} & & & & CH_3 & & & & \\ & & & & | & & & & \\ H_3C & — & CH_2 & — & C & — & CH_2 & — & CH_3 \\ & & & & | & & & & \\ & & & & CH—CH_3 & & & & \\ & & & & | & & & & \\ & & & & CH_3 & & & & \end{array}$$

4. $CH_3C(CH_3)_2CH(CH_3)_2$

5. $(CH_3CH_2)_2CHCH(CH_3)_2$

6.
$$
\begin{array}{l}
\qquad\qquad\qquad\qquad\quad CH_3 \\
\qquad\qquad\qquad\qquad\quad | \\
CH_3CH_2—CH—CH—CH_3 \\
\qquad\qquad\quad | \\
\qquad\qquad\quad CH—CH_3 \\
\qquad\qquad\quad | \\
\qquad\qquad\quad CH_3
\end{array}
$$

五、写出相当于下列名称的各化合物的构造式，这些名称如果有违反系统命名法原则的，请写出正确命名

1. 2 - 甲基 - 3 - 异丙基庚烷

2. 2，3 - 二甲基 - 2 - 乙基丁烷

3. 2，4 - 二甲基 - 3 - 乙基己烷

4. 2，3，4 - 三甲基 - 4 - 乙基戊烷

课题三　烯烃和炔烃

一、填空题

1. 链烃分子中含有一个________的不饱和烃叫做烯烃，通式为________。

2. 含有一个碳碳三键的烃，相对分子质量为 54，化学式是________，可能有的结构简式为________和________。

3. 某一炔烃高锰酸钾溶液氧化后，得到 CH_3CH_2COOH 和 CH_3COOH 两种酸，可以推测出原来炔烃的构造式为________。

二、判断题（下列叙述中，正确的在括号中打“√”，错误的打“×”）

1. 烯烃和炔烃既能使溴水退色，也能使高锰酸钾溶液退色。　（　　）

2. 2－戊烯和 2－甲基－1－戊烯互为同系物。　（　　）

3. 分子中含有碳碳三键的不饱和链烃叫炔烃，炔烃的通式为 C_nH_{2n}（$n \geqslant 2$）。　（　　）

4. 含有一个三键的炔烃，其氢化后的构造式为 $CH_3CH_2CH(CH_3)CH(CH_3)CH_2CH_3$，则此炔烃可能有的构造式有 2 种。　（　　）

三、选择题（每小题只有一个正确答案，将正确答案的序号填在括号内）

1. 符合分子式 C_5H_{10} 的烯烃的同分异构体有（　　）种。

A. 2　　B. 3　　C. 4　　D. 5

2. 对于
$$\begin{array}{c} \quad\ \ CH_3 \\ \quad\ \ | \\ CH_3—C═CH—CH—CH_3 \\ \qquad\qquad\quad | \\ \qquad\qquad\quad C_2H_5 \end{array}$$
，命名正确的是（　　）。

A. 2－甲基－4－乙基－2－戊烯　　B. 4－甲基－2－乙基－3－戊烯

C. 2，4－二甲基－2－己烯　　D. 3，5－二甲基－4－己烯

3. 某烃和溴起加成反应时，1 mol 烃需消耗 2 mol 溴，这种烃是（　　）。

A. C_2H_6　　B. $CH≡CH$

C. $CH_2═CH_2$　　D. $CH_3—CH═CH_2$

4. 能使高锰酸钾溶液退色的气体是（　　）。

A. 甲烷　　B. 丙烷　　C. 异戊烷　　D. 丙烯

5. 某物质的分子由碳、氢两种元素组成，碳、氢原子个数比为 1∶2，摩尔质量为 70 g/mol，能与溴水反应，能使高锰酸钾溶液退色，该物质是（　　）。

A. 丁烯　　B. 戊烯　　C. 丁烷　　D. 戊烷

6. 鉴别丙烯和丙炔，应选用（　　）。

A. $KMnO_4/H^+$　　B. $KMnO_4/H_2O$　　C. $Ag(NH_3)_2NO_3$　　D. Br_2/CCl_4

四、用系统命名法命名下列化合物

1.
$$\begin{array}{c}\quad\quad\quad\quad\quad CH_3\\ \quad\quad\quad\quad\quad |\\ CH_3-CH_2-C-CH=CH_2\\ \quad\quad\quad\quad\quad |\\ \quad\quad\quad\quad\quad CH_3\end{array}$$

2.
$$\begin{array}{c}CH_3-CH_2-C-CH_2-CH_3\\ \|\\ CH_2\end{array}$$

3.
$$\begin{array}{l}\quad\quad\quad\ CH_3\\ \quad\quad\quad\ |\\ CH_3-C=CH-CH-CH_3\\ \quad\quad\quad\quad\quad\quad\quad\ |\\ \quad\quad\quad\quad\quad\quad\quad\ C_2H_5\end{array}$$

4. $CH_3(CH_2)_8CH=CH_2$

5.
$$\begin{array}{l}\quad\quad\quad\quad\quad\quad\ CH_3\\ \quad\quad\quad\quad\quad\quad\ |\\ CH_2=C-CH-CH_3\\ \quad\quad\quad\ |\\ \quad\quad\quad\ CH_2CH_3\end{array}$$

6. $(CH_3)_3CC\equiv CCH(CH_3)_2$

五、完成下列反应方程式

1. $CH_3-\underset{\displaystyle CH_3}{\underset{|}{C}}=CH_2 + H_2 \longrightarrow$

2. $CH_3-\overset{\displaystyle CH_3}{\overset{|}{C}}=CH_2 + HBr \longrightarrow$

3. $CH_3CH=CH_2 + HOCl \longrightarrow$

4. $CH_3CH=CHCH_3 \xrightarrow[\triangle]{\text{过量 }KMnO_4\text{，}H^+}$

5. $CH_3-CH_2-CH=CH_2 \xrightarrow[\triangle]{\text{过量 }KMnO_4\text{，}H^+}$

6. $nCH_3CH=CH_2 \xrightarrow{\text{催化剂}}$

7. $CH_2=CHCH_3 + Cl_2 \xrightarrow{500℃}$

8. $CH\equiv CH + H_2O \xrightarrow{HgSO_4\text{，}H_2SO_4}$

9. $CH_3-C\equiv CH + H_2O \xrightarrow{HgSO_4\text{，}H_2SO_4}$

10. $CH\equiv CH + HOCH_3 \xrightarrow{20\%\ NaOH}$

11. $CH_3-C\equiv CH \xrightarrow[H_2O]{KMnO_4}$

12. $CH_3-C\equiv C-CH_2CH_3 \xrightarrow[H_2O]{KMnO_4}$

13. $nCH\equiv CH \xrightarrow{\text{催化剂}}$

六、用化学方法鉴别下列各组化合物

1. 乙烷、乙烯和乙炔

2. 1 - 丁炔和 2 - 丁炔

课题四　芳　香　烃

一、填空题

1. 某烃所含碳原子数为 8，氢原子数为 10，只有一个侧链。能与高锰酸钾反应，不与溴水反应，该烃的名称是________，结构式为________。

2. 分子式为 $C_{10}H_{14}$ 的芳烃异构体中，不能被高锰酸钾溶液氧化成芳酸的是________。

3. 写出下列化合物的结构简式

（1）对二乙苯________；

（2）2－甲基－3－苯基丁烷________。

二、判断题（下列叙述中，正确的在括号中打“√”，错误的打“×”）

1. 苯分子是由单、双键交替组成的环状结构。（ ）

2. 相对分子质量相同的物质，一定是同一种物质。（ ）

3. 甲苯和苯乙烯都是苯的同系物。（ ）

4. 含 α－氢原子的烷基苯，在高锰酸钾溶液氧化下，无论烷基长短、结构如何，都被氧化成羧基。（ ）

三、选择题（每小题只有一个正确答案，将正确答案的序号填在括号内）

1. 芳烃 C_8H_{10} 的同分异构体有（ ）种。

A. 3　B. 4　C. 5　D. 6

2. 下列物质不能与高锰酸钾酸性溶液和溴水反应的是（ ）。

A. 乙烯　B. 乙炔　C. 苯　D. 甲苯

3. 在铁的催化作用下，苯与液态溴反应，使溴的颜色逐渐变浅甚至无色，该反应属于（ ）。

A. 氧化反应　B. 加成反应　C. 取代反应　D. 聚合反应

4. 下列化合物中，只能使高锰酸钾溶液退色，不能使溴的四氯化碳溶液退色的是( )。

A. 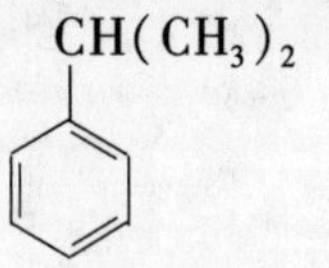 苯环上连 $CH(CH_3)_2$

B. 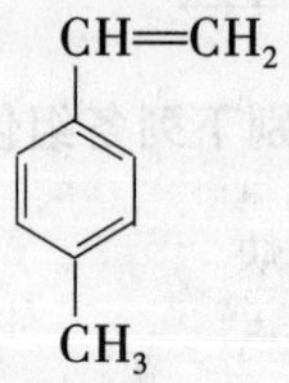 苯环上连 $CH=CH_2$，对位连 CH_3

C. 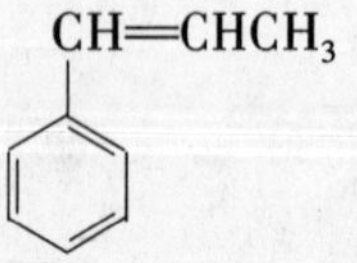 苯环上连 $CH=CHCH_3$

D. 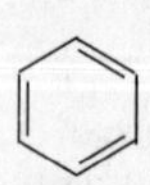 苯

四、完成下列反应方程式，并指明反应类型

1. 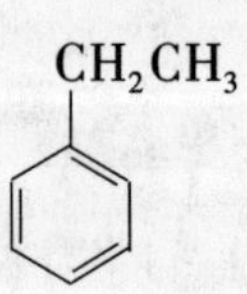 苯环上连 CH_2CH_3 $+ Br_2 \xrightarrow[\triangle]{FeBr_3}$

CH_2CH_3

2. $+ Cl_2 \xrightarrow{\text{光}}$

3. $+ HNO_3$（发烟）$\xrightarrow{\text{浓 } H_2SO_4}$

4. $+ H_2SO_4$（发烟）$\rightleftharpoons$

5. $+ CH_3CH_2Cl \xrightarrow{AlCl_3}$

CH_2CH_3

6. $\xrightarrow[H^+,\ \triangle]{KMnO_4}$

$CH{=\!=}CH_2$

7. $+ 4H_2 \xrightarrow[\triangle,\text{加压}]{Ni}$

第十一单元　烃的衍生物

课题一　卤　代　烃

一、填空题

1. 卤代烃是分子中的________原子被________原子取代而生成的化合物，官能团是________。

2. 卤代烷与醇钠在相应的醇溶液中发生醇解反应，________被________取代生成醚。这个反应也称为威廉逊合成法，是制备混醚的最好方法。

3. 不对称烯烃与卤化氢加成时遵守________规则，仲卤烷和叔卤烷脱卤化氢时遵守________规则。

4. 将2－氯丙烷与氢氧化钠溶液混合后加热，化学反应方程式为________________，这个反应叫________反应。将2－氯丙烷与氢氧化钠的乙醇溶液混合后加热，主要的生成物是________，化学反应方程式为________________，这个反应叫________反应。

二、判断题（下列叙述中，正确的在括号中打“√”，错误的打“×”）

1. 卤代烷的沸点随相对分子质量的增加而升高，卤代烷的沸点比相应的烷烃低。（　　）

2. 相对分子质量相同的卤代烷，直链卤代烷的沸点较支链卤代烷的沸点高，且支链越多，沸点越低。（　　）

3. 一氯代烷的相对密度小于1，一溴代烷和一碘代烷的相对密度大于1。（　　）

4. 卤代烷与金属镁作用就能生成烷基卤化镁，简称格氏试剂。（　　）

三、选择题（每小题只有一个正确答案，将正确答案的序号填在括号内）

1. 2－甲基－3－氯戊烷脱氯化氢的主要产物是（　　）。

A. 2－甲基－1－戊烯　　B. 2－甲基－2－戊烯

C. 2－甲基－3－戊烯　　D. 4－甲基－2－戊烯

2. 溴乙烷与氢氧化钾的醇溶液共热生成的主要产物是（　　）。

A. 乙醇和溴化钾　　B. 乙烷和溴化钾　　C. 乙烯和溴化钾　　D. 乙烯和乙醇

3. 制备格利雅试剂应该选择（　　）作为溶剂。

A. 乙醚　　B. 无水乙醇

C. 乙醇　　D. 绝对乙醚（无水、无醇的乙醚）

四、用化学方法鉴别下列各组化合物，并写出有关反应方程式

1. 1 – 氯丁烷、2 – 氯丁烷和 2 – 甲基 – 2 – 氯丙烷

2. 1 – 氯丙烷、1 – 溴丙烷和 1 – 碘丙烷

课题二 醇、酚、醚

一、填空题

1. 脂肪烃或脂环烃分子中的________被________取代的衍生物叫醇；芳环上的氢原子被羟基取代的衍生物叫做________；________和________羟基的氢原子被烃基取代而生成的化合物叫醚。

2. 直链饱和一元醇的沸点是随着碳原子数的增加而________。在同分异构体中，支链越多，沸点越________。

3. 将乙醇和浓硫酸加热到 413 K，乙醇________脱水生成________，化学方程式为________________，加热至 443 K，乙醇________脱水，生成________，此反应属于________反应。

4. 苯酚在常温下与溴水反应，即有________色沉淀生成，此沉淀是________；该反应的化学方程式为____。

5. 写出下列化合物的结构简式

（1）酒精________________；（2）甘醇________________；

（3）甘油________________；（4）石炭酸________________；

（5）苦味酸________________；（6）木醇________________。

二、判断题（下列叙述中，正确的在括号中打“√”，错误的打“×”）

1. 无水氯化锌的浓盐酸溶液称为卢卡斯试剂。卢卡斯试剂可鉴别伯、仲、叔醇。（　）

2. 用溴水和氯化铁溶液可以鉴别苯酚和苯。（　）

3. 羟基与烃基相连接的有机物叫做醇。所以化合物 C_6H_5—OH 既是一元醇，又属于芳香醇。（　）

4. 乙醇和苯甲醇的相对密度都小于 1。（　）

5. 在高温铜或银等金属催化剂的作用下，伯醇脱氢生成醛，仲醇脱氢生成酮。（　　）

6. 威廉逊合成法是用于制备醚。（　　）

三、选择题（每小题只有一个正确答案，将正确答案的序号填在括号内）

1. 下列物质不属于醇的是（　　）。

A. $CH_2{=}CH—CH_2—OH$　　B. CH_3OH

C. $C_6H_5—CH_2OH$　　D. $C_6H_5—OH$

2. 对于醇的氧化反应解释正确的是（　　）。

A. 醇在浓硫酸的作用下生成醚的反应是一个氧化反应

B. 醇在浓硫酸的作用下生成烯烃的反应是一个氧化反应

C. 醇在空气中燃烧的反应是一个氧化反应

D. 醇在硝酸的作用下生成硝酸酯的反应是一个氧化反应

3. 下列醇与氢卤酸反应的活性顺序为（　　）。

①1－戊醇　②2－甲基－2－戊醇　③2－甲基－3－戊醇　④α－苯甲醇

A. ①>③>②>④　　B. ②>③>①>④

C. ③>④>②>①　　D. ④>②>③>①

4. 某醇的分子式为 $C_5H_{11}OH$，氧化后生成酮。该醇脱水后生成一种不饱和的烃，将不饱和烃氧化可得到羧酸和酮两种产物。可推测出该醇的构造式为（　　）。

A. $CH_3—CH(CH_3)—CH(OH)—CH_3$　　B. $CH_3—C(OH)(CH_3)—CH_2—CH_3$

C. $CH_3—CH(CH_3)—CH_2—CH_2OH$　　D. $CH_3—CH_2—CH_2—CH_2—CH_2OH$

5. 在澄清的苯酚钠溶液中通入 CO_2 气体，出现浑浊的原因是（　　）。

A. 有苯酚析出　　B. 有难溶性盐生成

C. 有苯析出　　D. 有苯酚钠晶体析出

6. 下列物质，酸性最强的是（　　）。

A. 苯酚　　B. 对甲苯酚

C. 对硝基苯酚　　D. 2，4，6－三硝基苯酚

7. 下列化合物中，能与 $FeCl_3$ 发生显色反应的是（　　）。

A. $C_6H_5—CH_2OH$　　B. $C_6H_{11}—OH$

C. $C_6H_5—OH$　　D. $C_6H_5—O—CH_3$

8. 下列物质中，不与金属钠起反应的物质是（　　）。

A. 乙醇　　B. 甘油　　C. 乙醚　　D. 苯酚

9. 把甲醇和乙醇的混合溶液加入适量的硫酸，加热，所生成的醚的种类有（　　）。

A. 一种　　B. 二种　　C. 三种　　D. 四种

10. 下列各组化合物中属于同分异构体的是（　　）。

A. 甲醇和甲醚　　B. 苯甲醇和苯甲醚

C. 苯甲醇和苯酚　　D. 环氧乙烷和乙醇

四、用系统命名法命名下列化合物

1. 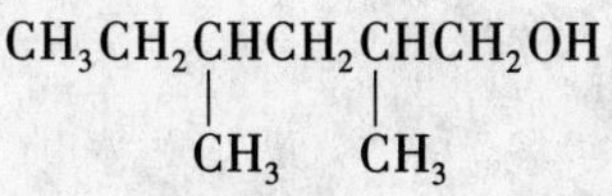 $CH_3CH_2CHCH_2CHCH_2OH$（第三、五位碳上各连 CH_3）

2. $CH_3CCH_2CH_2OH$（第二位碳上连 CH_3 和 CH_2CH_3）

3. $CH_2CH_2CH_2OH$（连在苯环上）

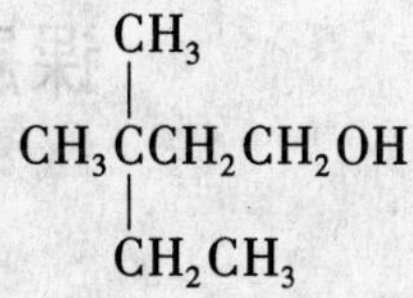

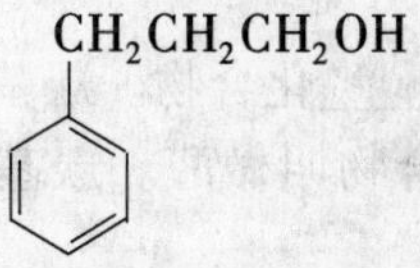

4. 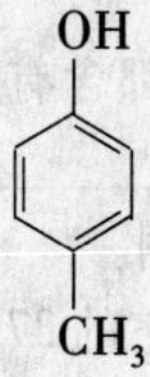 OH、CH_3（在苯环的对位上）

5. 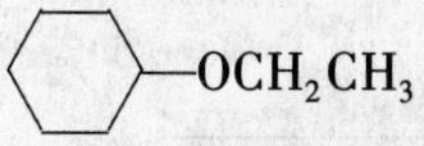 $-OCH_2CH_3$（连在环己烷上）

6. $CH_3-O-CH_2CH_2CH_3$

五、用化学方法鉴别下列各组化合物，并写出有关反应方程式

1. 1 - 丁醇、2 - 丁醇和 2 - 甲基 - 2 - 丙醇。

2. 乙醇溶液、苯酚溶液和纯水。

六、由指定有机原料合成下列化合物

1. 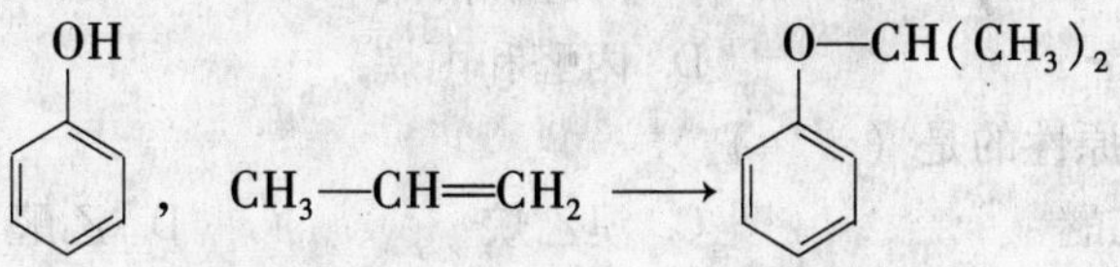 OH（苯酚），$CH_3-CH=CH_2 \longrightarrow$ $O-CH(CH_3)_2$（苯环上）

2. $CH_3CH_2CH_2CH_2OH \longrightarrow CH_3CH_2\underset{\substack{|\\Cl}}{C}HCH_3$

课题三　醛　和　酮

一、填空题

1. 醛和酮的分子结构中都含有官能团________，总称为________化合物。羰基中的碳原子与一个________和一个________或两个________相连的化合物叫做醛。羰基与两个________相连的化合物叫做酮。

2. 甲醛俗称________，它的37% ~40%的水溶液称为________。

3. 写出下列化合物的结构简式。

（1）苯乙醛________________；（2）环戊酮________________；

（3）甲基乙基（甲）酮________________；（4）苦杏仁油________________。

二、判断题（下列叙述中，正确的在括号中打“√”，错误的打“×”）

1. 分子里含有醛基的化合物都能发生银镜反应，所以能发生银镜反应的物质都是醛类。（　　）

2. 醛和酮分子中都含有羰基，因此它们具有许多相似的化学性质，如能发生加成反应、容易被氧化等。（　　）

3. 乙醛既能发生银镜反应，又能与新制的氢氧化铜反应生成红色的沉淀物质。（　　）

4. 甲醛与品红试剂作用生成紫红色溶液，若滴加浓硫酸，紫红色消失。（　　）

三、选择题（每小题只有一个正确答案，将正确答案的序号填在括号内）

1. 下列各组物质互为同系物的是（　　）。

A. 甲醛和苯甲醛　　B. 丙醛和丙酮

C. 丙醛和丁醛　　D. 甲醛和蚁醛

2. 下列物质互为同分异构体的是（　　）。

A. 丙醇和丙醛　　B. 丙醛和丙酮

C. 丙醇和丙酮　　D. 丙醛和丙烷

3. 下列物质既有氧化性又有还原性的是（　　）。

A. 乙醇　　B. 乙醚　　C. 溴乙烷　　D. 乙醛

4. 甲醛和乙醛都能与银氨溶液反应，这是因为（　　）。

A. 分子里都含有氢原子　　B. 分子里都含有羟基

C. 分子里都含有醛基　　D. 分子里都含有氧原子

5. 下列有机物能被新制的氢氧化铜氧化的是（　　）。

A. 丙醇　　B. 丙醛　　C. 丙酮　　D. 丙烯

6. 下列物质不能与羰基发生加成反应的是（　　）。

A. 乙醇　　B. 格氏试剂　　C. 水　　D. 亚硫酸氢钠

7. $2R_3CCHO + NaOH \longrightarrow R_3CCOONa + R_3CCH_2OH$ 的反应是（　　）。

A. 还原反应　　B. 氧化反应　　C. 歧化反应　　D. 中和反应

8. 下列化合物不与菲林试剂作用的是（　　）。

A. HCHO　　B. CH_3COCH_3　　C. CH_3CHO　　D. 环己基甲醛（环己烷-CHO）

四、完成下列反应方程式，并指明反应类型

1. $CH_3CHO + HCN \xrightleftharpoons{OH^-}$

2. $C_6H_5\text{—}CHO + HCN \xrightleftharpoons{OH^-}$

3. $CH_3CH_2CHO + CH_3CH_2MgBr \xrightarrow{\text{绝对乙醚}}$

4. $CH_3COCH_3 + CH_3CH_2CH_2CH_2MgBr \xrightarrow{\text{绝对乙醚}}$

5. $CH_3CH_2CHO + Ag(NH_3)_2OH \xrightarrow[\triangle]{\text{水浴}}$

6. $CH_3CHO \xrightarrow[\triangle]{\text{菲林试剂}}$

7. $CH_3CH_2CHO \xrightarrow{LiAlH_4}$

8. $CH_3\text{—}\overset{\overset{\displaystyle O}{\|}}{C}\text{—}CH_3 \xrightarrow{LiAlH_4}$

9. $CH_3CHO + NaOI \longrightarrow$

10. $2\,C_6H_5\text{—}CHO \xrightarrow[\triangle]{\text{浓 NaOH}}$

五、由指定有机原料合成下列化合物

1. $CH_3CH{=}CH_2 \longrightarrow CH_3CH_2CHO$

2. $CH_3CH_2CH_2CH_2OH \longrightarrow CH_3\underset{\underset{\displaystyle O}{\|}}{C}CH_2CH_3$

课题四　羧酸及其衍生物

一、填空题

1. 甲酸俗名________，它的构造式为________；草酸的构造式为________；安息香酸的构造式为________。

2. 甲酸结构的特殊性，分子内既有________基，又有________基，因此它既具有________的性质，又具有________的性质，它能还原________和________试剂。

3. 酰卤、酸酐、酯、酰胺都是羧酸的衍生物，是由羧酸分子中的羟基分别被________，________，________，________取代的产物。

4. 命名下列化合物。

（1）$(CH_2CO)_2O$ ____________；（2）CH_3COBr ____________；

（3）$HCOOCH_2CH_3$ ____________；（4）$CH_3CH_2CONH_2$ ____________；

（5）$C_6H_5-CH_2COOH$（苯环—CH_2COOH）________；（6）$CH_3CH_2CH_2\underset{\displaystyle COOH}{\overset{|}{C}}HCH_2CH_3$ ________。

二、判断题（下列叙述中，正确的在括号中打"√"，错误的打"×"）

1. 邻苯二甲酸属于芳香族二元羧酸。（　　）
2. 羧酸都易溶于水和有机溶剂。（　　）
3. 乙二酸除了具有羧酸的一般性质外，还具有氧化性。（　　）
4. $(CH_3CH_2CO)_2O$ 称为丙酸酐。（　　）

三、选择题（每小题只有一个正确答案，将正确答案的序号填在括号内）

1. 下列有机物中，含有四种官能团的是（　　）。

A. 甲醛　　B. 乙醛　　C. 甲酸　　D. 乙酸

2. 下列化合物中，能发生银镜反应的是（　　）。

A. 草酸　　B. 醋酸　　C. 安息香酸　　D. 蚁酸

3. 下列化合物中，不能发生银镜反应的是（　　）。

A. 甲醛　　B. 苯甲醛　　C. 甲酸　　D. 苯甲酸

4. 下列物质，不能发生碘仿反应的是（　　）。

A. CH_3CH_2OH　　B. CH_3CHO　　C. CH_3COCH_3　　D. CH_3COOH

5. 在下列化合物中属于酯的是（　　）。

A. $CH_3CH_2CONH_2$　　B. $(CH_3CO)_2O$

C. $(CH_2ClCO)_2O$　　D. $CH_3CH_2COOCH_3$

6. 在下列化学性质中（　　）不属于羧酸的化学性质。

A. 酸性、酯化、脱羧

B. 羧酸盐与碱石灰共热出甲烷气体

C. 羧酸加热脱水生成酸酐

D. 羧酸加热除去水分，使羧酸的质量分数得到提高

7. $CH_3COCl + CH_3OH \longrightarrow CH_3COOCH_3 + HCl$ 的反应属于（　　）。

A. 水解　　B. 醇解　　C. 氨解　　D. 卤代

课题五　含氮有机物

一、填空题

1. 在硝基化合物分子中，硝基都是直接与________相连接。在硝酸酯分子中硝基是通过________原子与________相连接。

2. 苯胺与溴水反应，立即能生成________色沉淀，此沉淀是________，该反应的方程式是__________。

二、判断题（下列叙述中，正确的在括号中打“√”，错误的打“×”）

1. 硝基化合物和硝酸酯都属于含氮化合物。（　　）

2. 分子中含有硝基的化合物都属于硝基化合物。（　　）

3. 在酸性介质中，芳香族硝基化合物与还原剂作用可生成芳胺。（　　）

4. 苯胺具有弱碱性，很容易被还原。（　　）

三、选择题（每小题只有一个正确答案，将正确答案的序号填在括号内）

1. 下列关于硝基化合物物理性质的叙述中不正确的是（　　）。

A. 硝基化合物不溶于水，易溶于有机溶剂

B. 硝基化合物的相对密度均大于1

C. 硝基化合物沸点比相应的卤代烃低

D. 硝基化合物一般都有毒性

2. $(CH_3)_2CHNH_2$ 属于（　　）。

A. 伯胺　　B. 仲胺　　C. 叔胺　　D. 季胺

3. 苯胺的碱性比氨水（　　）。

A. 强　　B. 弱　　C. 相似　　D. 无法确定

4. 下列化合物中，碱性最弱的是（　　）。

A. $CH_3CH_2NH_2$　　B. $(CH_3)_3N$

C. $(CH_3)_2NH$　　D. $C_6H_5NH_2$（苯环—NH_2）

5. $RNH_2 + RX \rightarrow R_2NH$ 的反应称为（　　）。

A. 烷基化反应　　B. 酰基化反应

C. 重氮化反应　　D. 酯化反应

四、由指定有机原料合成下列化合物

1. 苯 ⟶ 苯胺（$C_6H_5NH_2$）

2. $CH_2{=}CH_2 \longrightarrow CH_3NH_2$

第十二单元　其他有机物

课题一　生物体中的重要有机物

一、填空题

1. 糖类主要是由________、________、________三种元素组成，是________或________，以及水解后能生成________或________的一类有机化合物。根据水解的情况，糖类可分为________、________、________。

2. 蛋白质是由多种________以________结合而成的高聚物，主要是由________、________、________、________和________这五种元素组成。根据化学成分不同，蛋白质可分为________、________。

3. 氨基酸是分子中具________和________的一类含有复合官能团的化合物。根据氨基在分子中相对位置的不同，可分为________、________和________；根据R基的化学结构，可分为________和________；根据分子中所含氨基和羧基的相对数目可分为________、________和________。

4. 核酸在核酸酶作用下分解生成________，再进一步水解生成________、________和________。根据分子中所含的戊糖种类不同，核酸可分为________和________。

二、判断题（下列叙述中，正确的在括号中打“√”，错误的打“×”）

1. 分子式符合 $C_m(H_2O)_n$ 通式的物质，都是糖类。（　　）
2. 在一定条件下，葡萄糖既能发生氧化反应，也能发生还原反应。（　　）
3. 葡萄糖不能使溴水退色。（　　）
4. 误服重金属盐，可以服用大量牛奶、蛋清或豆浆解毒。（　　）
5. 医疗上高温消毒杀菌，是利用加热使蛋白质凝固，使细菌死亡。（　　）

三、选择题（每小题只有一个正确答案，将正确答案的序号填在括号内）

1. 葡萄糖属于单糖的原因是（　　）。
   A. 不能再水解成更简单的糖　　B. 结构最简单
   C. 分子量较小　　D. 在糖类物质中含碳原子数最少
2. 下列物质中，能使新制氢氧化铜溶液还原的是（　　）。
   A. 氢硫酸　　B. 浓硫酸　　C. 乙酸溶液　　D. 葡萄糖溶液
3. 下列物质中，不会使蛋白质变性的物质是（　　）。
   A. 福尔马林　　B. 苯酚　　C. 氯化汞　　D. 食盐

4. 误服氯化钡溶液后会引起中毒，下列方法中，正确的解毒方法是（　　）。

A. 服用大量水，使血液中凝聚的蛋白质重新溶解

B. 服用大量豆浆，Ba^{2+}能使蛋白质变性

C. 服用小苏打溶液，使 Ba^{2+} 变成 $BaCO_3$ 不溶物

D. 服用稀的硫酸铜溶液，使 Ba^{2+} 变成 $BaSO_4$ 不溶物

5. $C_2H_5NO_2$ 与 H_2NCH_2COOH 具有相同的（　　）。

A. 官能团　　B. 密度　　C. 溶解度　　D. 分子量

四、简答题

1. 试述糖、蛋白质和核酸对生命体的作用。

2. 试列举常见的单糖、低聚糖和多糖。

3. 用化学方法鉴别下列各组化合物。

（1）葡萄糖和蔗糖

（2）蔗糖和麦芽糖

（3）淀粉和纤维素

课题二　合成高分子化合物

一、填空题

1. 高分子化合物是指由千百个原子彼此以________结合形成________较大的一类化合物。

2. 高分子化合物与低分子化合物相比较，高分子化合物具有以下的结构特点：________________、________________。

3. $\left[-CH_2-\underset{\displaystyle Cl}{CH}-\right]_n$ 称为________，是由________发生________反应而成；

$\left[-\underset{\text{(苯环，邻位 OH)}}{C_6H_3(OH)}-CH_2-\right]_n$ 称为________，是由________和________发生________反应而成。

4. 从单个分子来说，高分子化合物有一定的聚合度，也就是说，n 是某一个________，所以它的相对分子质量是________。但对一块高分子材料来说，它是由许多________相同或不相同的高分子________的。因此，从实验中测得的某种高分子材料的相对分子质量只能是________。

5. 聚苯乙烯的结构式为 $\left[-CH_2-\underset{\displaystyle C_6H_5}{CH}-\right]_n$，试回答下列问题：

（1）聚苯乙烯的链节是________，单体是________。

（2）实验测得某聚苯乙烯的相对分子质量（平均量）为52 000，则该高聚物的聚合度 n 为________。

（3）已知聚苯乙烯为线型结构的高分子化合物，试推测：其________（选填“能”或“否”）溶于 $CHCl_3$，具有________（选填“热塑”或“热固”）性。

6. 聚丙烯物的结构式为________，聚丁二烯的结构式为________，乙丙橡胶的结构式为________。

二、判断题（下列叙述中，正确的在括号中打“√”，错误的打“×”）

1. 高分子化合物的相对分子质量是单体的相对分子质量与聚合度的乘积。（　　）
2. 高分子化合物有良好的电绝缘性，可用做电绝缘材料。（　　）
3. 线型结构的高分子化合物具有热固性，体型结构的高分子化合物具有热塑性。（　　）
4. 聚合反应的反应类型有加聚反应和缩聚反应。（　　）

三、选择题（每小题只有一个正确答案，将正确答案的序号填在括号内）

1. 下列物质中，不属于高分子化合物的是（　　）。

A. 生油　　B. 棉花　　C. 淀粉　　D. 橡胶

2. 下列说法不正确的是（　　）。

A. 高分子化合物中的分子链之间存在较强的作用力，因而其强度较高

B. 某些高分子化合物具有热固性，它们在受热时不会熔化

C. 线型结构和体型结构的有机高分子都可以溶解在适当的溶剂中

D. 普通高分子材料存在易被氧化、不耐高温等缺点

3. 下列有机物中，属于合成有机高分子化合物的是（　　）。

①淀粉　②油脂　③聚苯乙烯　④有机玻璃　⑤蚕丝　⑥硅橡胶　⑦腈纶

A. ①③④⑦　　B. ③⑥⑦　　C. ④⑤⑥　　D. ②④⑤⑦

4. 焚烧下列物质，严重污染大气的是（　　）。

A. 聚氯乙烯　　B. 聚乙烯　　C. 聚丙烯　　D. 有机玻璃

课题三　合成材料

一、填空题

1. 生产氯乙烯有两种方法，一种是________________，反应式为________________；一种是________，反应式为________________。

2. 聚酯纤维是分子中含有酯键________的一类合成纤维，商品名为________，俗称“的确良”，目前产量为合成纤维之首。

3. 丁苯橡胶是目前合成橡胶中产量最大的一种，是由________和________共聚而成，反应式为________________。

4. 涂料的主要成分包括________、________、________和________。

5. 功能高分子材料是指对外来的________、________、________、________、________等各种刺激反应敏锐并表现出________和________功能的高分子及其复合材料。

二、判断题（下列叙述中，正确的在括号中打“√”，错误的打“×”）

1. 现在大量使用的一次性塑料餐具很容易回收处理，没必要开发理想的可降解的塑料餐具。（　　）

2. 合成纤维和人造纤维统称化学纤维。（　　）

3. 橡胶的老化属于化学变化。（　　）

三、选择题（每小题只有一个正确答案，将正确答案的序号填在括号内）

1. 用于制作食品袋的塑料，要求既经济又无毒，这种塑料的原料通常是（　　）。

A. 聚氯乙烯　　B. 聚乙烯

C. 聚甲醛　　D. 聚苯乙烯

2. 区别棉花织物和羊毛织物最简单的方法是（　　）。

A. 浸入水中　　B. 加碘水

C. 在火中灼烧，再闻气味　　D. 加稀硫酸水解

3. 下列物质一定不是天然高分子的是（　　）。

A. 尼龙　　B. 蛋白质　　C. 纤维素　　D. 橡胶

四、简答题

1. 热塑性塑料和热固性塑料在性能上有哪些不同？

2. 分别举例常见的通用塑料、工程塑料和特种塑料？

3. 常用的合成纤维有哪些？它们的主要用途是什么？

4. 常用的合成橡胶有哪些？它们的主要用途是什么？